高职高专汽车类专业系列教材

汽车单片机与车载网络技术

(第二版)

主　编　于万海

副主编　李晓伟　张华

参　编　刘卫泽　陶炳全　曾宪钧

　　　　孙秀倩　李树斌

西安电子科技大学出版社

内 容 简 介

　　本书分两个部分分别介绍了汽车单片机和车载网络技术。第一部分阐述了汽车单片机的特点、组成和原理，电子控制单元(ECU)的组成和工作原理，典型的汽车单片机和电子控制单元，汽车单片机系统的故障类型、检测诊断方法及检修实例。第二部分阐述了车载网络的特点、组成和工作原理，典型的车载网络传输系统实例，车载网络通信系统的故障类型、检测诊断方法及检修实例。本书旨在通过对原理和典型车型实例的分析，并配合故障实例，使读者能够举一反三、触类旁通，切实掌握故障检修的思路、方法和步骤。本书内容翔实、图文并茂、通俗易懂。

　　本书既可作为各高职高专院校汽车相关专业汽车单片机与车载网络技术课程的通用教材，同时也可以作为广大汽车维修技术人员的自学教程。

图书在版编目(CIP)数据

汽车单片机与车载网络技术/于万海主编. —2 版.
—西安：西安电子科技大学出版社，2013.3(2024.8 重印)
ISBN 978-7-5606-2998-8

Ⅰ.① 汽…　Ⅱ.① 于…　Ⅲ.① 汽车—单片微型计算机—高等职业教育—教材
② 汽车—计算机网络—高等职业教育—教材　Ⅳ.① U463.6

中国版本图书馆 CIP 数据核字(2013)第 031067 号

策　　划　马晓娟
责任编辑　马晓娟
出版发行　西安电子科技大学出版社(西安市太白南路 2 号)
电　　话　(029)88202421　88201467　　邮　　编　710071
网　　址　www.xduph.com　　　　　　电子邮箱　xdupfxb001@163.com
经　　销　新华书店
印刷单位　西安日报社印务中心
版　　次　2013 年 3 月第 2 版　　2024 年 8 月第 9 次印刷
开　　本　787 毫米×1092 毫米　1/16　印　张　15
字　　数　348 千字
定　　价　34.00 元
ISBN 978-7-5606-2998-8
XDUP　3290002-9
如有印装问题可调换

序

进入 21 世纪以来，随着高等教育大众化步伐的加快，高等职业教育呈现出快速发展的形势。党和国家高度重视高等职业教育的改革和发展，出台了一系列相关的法律、法规、文件等，规范、推动了高等职业教育健康有序的发展。同时，社会对高等职业技术教育的认识在不断加强，高等技术应用型人才及其培养的重要性也正在被越来越多的人所认同。目前，高等职业技术教育在学校数、招生数和毕业生数等方面均占据了高等教育的半壁江山，成为高等教育的重要组成部分，在我国社会主义现代化建设事业中发挥着极其重要的作用。

在高等职业教育大发展的同时，也有着许多亟待解决的问题。其中最主要的是按照高等职业教育培养目标的要求，培养一批具有"双师素质"的中青年骨干教师；编写出一批有特色的基础课和专业主干课教材；创建一批教学工作优秀学校、特色专业和实训基地。

为配合教育部紧缺人才工程，解决当前新型机电类精品高职高专教材不足的问题，西安电子科技大学出版社与中国高等职业技术教育研究会在前两轮联合策划、组织编写了"计算机、通信电子及机电类专业"系列高职高专教材共 100 余种的基础上，又联合策划、组织编写了"数控、模具及汽车类专业"系列高职高专教材共 60 余种。这些教材的选题是在全国范围内近 30 所高职高专院校中，对教学计划和课程设置进行充分调研的基础上策划产生的。教材的编写采取在教育部精品专业或示范性专业(数控、模具和汽车)的高职高专院校中公开招标的形式，以吸收尽可能多的优秀作者参与投标和编写。在此基础上，召开系列教材专家编委会，评审教材编写大纲，并对中标大纲提出修改、完善意见，确定主编、主审人选。该系列教材着力把握高职高专"重在技术能力培养"的原则，结合目标定位，注重在新颖性、实用性、可读性三个方面能有所突破，体现高职高专教材的特点。第一轮教材共 36 种，已于 2001 年全部出齐，从使用情况看，比较适合高等职业院校的需要，普遍受到各学校的欢迎，一再重印，其中《互联网实用技术与网页制作》在短短两年多的时间里先后重印 6 次，并获教育部 2002 年普通高校优秀教材二等奖。第二轮教材共 60 余种，在 2004 年底已全部出齐，且大都已重印，有的教材出版一年多的时间里已重印 4 次，销量达 3 万余册，反映了市场对优秀专业教材的需求。本轮教材预计 2006 年底全部出齐，相信也会成为精品系列。

教材建设是高职高专院校基本建设的主要工作之一，是教学内容改革的重要基础。为此，有关高职高专院校都十分重视教材建设，组织教师积极参加教材编写，为高职高专教材从无到有，从有到优、到特而辛勤工作。但高职高专教材的建设起步时间不长，还需要做艰苦的工作，我们殷切地希望广大从事高职高专教育的教师，在教书育人的同时，组织起来，共同努力，为不断推出有特色、高质量的高职高专教材作出积极的贡献。

中国高等职业技术教育研究会会长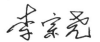

2005 年 10 月

面向 21 世纪
机电类专业高职高专系列教材

编审专家委员会名单

前　言

随着电子技术在汽车中的拓展，特别是在 20 世纪 80 年代以后，各种基于提高和改善安全、节能、舒适及环保等性能的电子控制系统在汽车中得到了广泛应用。这些电子控制系统的核心部件是电子控制单元(ECU)，而这些电子控制单元的核心是单片机(它负责信号的采集、运算和控制输出)。因此，汽车单片机在汽车电子控制系统中的地位至关重要，是核心中的核心。

电子控制系统之间并非完全独立，它们之间需要不同程度的信息共享，如果采用传统的连接方式，势必导致汽车电线数量的急剧增加。为了简化线路，提高各电控单元之间的通信速度，降低故障频率，车载网络传输系统应运而生。汽车车载网络已成为汽车电子领域的热点，CAN、LIN、MOST、FlexRey、VAN、Byteflight 等网络传输协议也已成为现代汽车网络传输的关键技术。其中，CAN 总线具有实用性强、传输距离较远、抗电磁干扰能力强等特点，在汽车动力传动系统和车身舒适系统中获得广泛应用。CAN 的传输速率可达到 1 Mb/s。但随着汽车电气设备和电子控制系统装备的不断扩充，CAN 总线已不能满足厂家基于成本和技术等的要求，因此，车载网络得到了进一步的细分，从而出现了面向低端系统的传输网络(如 LIN 总线)和面向媒体信息传输的网络标准(如 MOST 总线)等其他网络技术。

随着电子技术在汽车上的不断普及，汽车维修技术已从传统的机械维修转变为现代电子诊断技术与机械维修相结合的维修方式。对于汽车维修技术人员来说，要想尽快掌握当代汽车维修技术，必须要尽快掌握汽车单片机与车载网络传输技术，以全面了解新一代的汽车电子控制系统。

本书分为汽车单片机和车载网络两部分。第 1～3 章系统地介绍了汽车单片机的特点、组成和工作原理，电子控制单元(ECU)的组成和工作原理，典型的汽车单片机和电子控制单元，汽车单片机系统的故障类型、检测诊断方法及检修实例。第 4～7 章详细地阐述了车载网络的特点、组成和工作原理，典型的车载网络传输系统实例，车载网络通信系统的故障类型、检测诊断方法及检修实例。

本书旨在将典型的汽车单片机与车载网络的工作原理、故障诊断、排除方法和检测仪器的使用及分析方法介绍给读者，让更多的维修技术人员掌握检修汽车单片机控制系统和车载网络系统的方法。本书通过对原理和典型车型实例的分析，使读者能够举一反三、触类旁通，切实掌握故障检修的思路、方法和步骤。

本书的编写以内容和结构的先进性和实用性为原则，内容翔实、图文并茂、通俗易懂。本书既可作为高职高专院校汽车相关专业的教材，也可供汽车维修技术人员、汽车生产和科研人员阅读参考。

本书由邢台职业技术学院的于万海担任主编，由李晓伟、张华担任副主编。参加编写工作的还有邢台职业技术学院的刘卫泽、陶炳全、曾宪钧、孙秀倩和沧州运通汽车销售服务有限公司的李树斌。其中，李晓伟编写第 1 章，李晓伟、张华编写第 2 章，孙秀倩编写第 3 章，刘卫泽编写第 4 章，于万海、李树斌编写第 5 章，曾宪均编写第 6 章，陶炳全编写第 7 章。

本书在编写过程中参考了大量的国内外技术资料和文献，得到了许多同行的大力支持，在此谨向所有参考资料的作者及关心、支持本书编写的同行们表示衷心的感谢。

由于编者水平有限，书中难免会有不妥之处，竭诚欢迎读者和业内专家批评指正。

作　者
2013 年元月

第 一 版 前 言

随着电子技术在汽车中的应用和发展，特别是在 20 世纪 80 年代以后，各种基于提高和改善安全、节能、舒适及环保等性能的电子控制系统在汽车中得到了广泛应用，这些电子控制系统的核心部件是电子控制单元(ECU)，而这些电子控制单元的核心是单片机(它负责信号的采集、运算和控制输出)。因此，汽车单片机在汽车电子控制系统中的地位至关重要，是核心中的核心。另外，各个电子控制系统之间并非完全独立、互不相干，它们之间需要不同程度的信息共享，如果采用传统的连接方式，势必导致汽车电线数量的急剧增加，在这种情况下，车载网络技术便应运而生，为提高汽车性能和减少线束数量提供了有效的解决途径。

汽车单片机和车载网络技术日趋广泛的应用，给汽车维修人员提出了更高的技术要求，不了解汽车单片机和网络技术，就不可能全面了解新一代汽车电子控制系统，汽车的使用和维修就会遇到障碍。为了帮助广大汽车维修人员掌握汽车单片机系统和车载网络技术的应用和检修技术，特编写本书。

本书分为汽车单片机系统和车载网络两部分。第 1~4 章系统地介绍了汽车单片机的特点、组成和工作原理，电子控制(ECU)的组成和工作原理，典型的汽车单片机和电子控制单元，汽车单片机系统的故障类型、检测诊断方法及检修实例；第 5~8 章详细地阐述了车载网络的特点、组成和工作原理，典型的车载网络传输系统实例，车载网络通信系统的故障类型、检测诊断方法及检修实例。本书旨在通过原理和典型车载实例的分析，使读者能够举一反三、触类旁通，切实掌握车辆故障检修的思路、方法和步骤。

本书的编写以内容和结构的先进性和实用性为原则，内容翔实、图文并茂、通俗易懂，可作为高职高专院校汽车专业的教材，也可作为汽车维修技术人员、汽车生产和科研人员的参考书。

本书由邢台职业技术学院于万海担任主编，李晓伟、罗新闻担任副主编，参加编写工作的还有邢台职业技术学院的吉庆山、梁春兰、赵飞、刘卫泽、陶炳全、曾宪钧、李祥峰、马金刚、李川和石家庄铁道学院的刘建华等。

本书由张卫钢担任主审。

本书在编写过程中，参考了大量国内外技术资料和文献，得到了许多同行的大力支持，在此谨向所参考资料的作者及关心、支持本书编写的同行们表示衷心的感谢。

由于编者水平有限，书中难免有不妥之处，竭诚欢迎读者和业内专家批评指正。

作　者
2006 年 12 月

目　　录

第 1 章　汽车电子控制基础 1

1.1　汽车电子控制技术的发展历程 1

1.2　汽车电子控制单元 2

　　1.2.1　电控系统的组成 2

　　1.2.2　电子控制单元(ECU)的基本功能 3

　　1.2.3　电子控制单元(ECU)的基本构成 3

第 2 章　MCS-51 单片机介绍 9

2.1　单片机概述 9

　　2.1.1　单片机的含义 9

　　2.1.2　单片机的产品分类 9

　　2.1.3　单片机在汽车电子控制系统中的应用 10

2.2　MCS-51 单片机的基本结构 10

　　2.2.1　MCS-51 单片机的性能介绍 10

　　2.2.2　MCS-51 单片机的存储器 11

　　2.2.3　MCS-51 单片机的引脚功能介绍 16

2.3　MCS-51 单片机的指令 18

　　2.3.1　单片机的指令系统概述 18

　　2.3.2　汇编语言的语句格式 18

　　2.3.3　寻址方式 19

　　2.3.4　指令中符号的约定 20

　　2.3.5　MCS-51 单片机指令系统的分类 21

　　2.3.6　汇编伪指令 28

2.4　MCS-51 单片机的并行接口 30

2.5　中断 37

2.6　定时/计数器 43

2.7　串行接口 47

2.8　模拟通道接口 54

第 3 章　汽车电子控制单元实例及检修 62

3.1　发动机电子控制单元实例 62

3.2　电子控制单元的检修 72

第 4 章　车载网络系统简介 80

4.1　概述 80

　　4.1.1　车载网络的发展史 80

　　4.1.2　车载网络的常用术语 83

4.1.3 车载网络分类和协议标准 86

4.2 汽车对通信网络的要求及通信网络的应用 87

4.2.1 汽车对通信网络的要求 87

4.2.2 车用局域网系统的应用与形式 87

4.2.3 网关 89

第 5 章　CAN 总线传输系统 91

5.1 CAN 总线的传输原理 91

5.2 CAN 总线的特点 99

5.3 宝来轿车车载网络系统的实例 107

5.4 车载网络的故障类型与诊断方法 122

5.4.1 CAN-Bus 总线系统的故障类型 122

5.4.2 车载网络传输系统的基本诊断步骤和检测方法 124

5.5 车载网络的仪器检测 125

5.6 CAN 总线的相关故障实例 136

第 6 章　LIN 总线和 MOST 总线 141

6.1 LIN 总线 142

6.1.1 概述 142

6.1.2 LIN 总线的组成和工作原理 143

6.1.3 LIN 总线在汽车上的应用 147

6.1.4 故障实例 148

6.2 MOST 总线 150

6.2.1 MOST 总线简介 150

6.2.2 MOST 总线的组成和工作原理 153

6.2.3 MOST 总线的诊断 160

6.2.4 光导纤维的维修 163

6.2.5 故障实例 165

第 7 章　典型车型的车载网络系统实例 170

7.1 宝马 E65 网络控制 170

7.1.1 宝马 E65 的网络控制简介 170

7.1.2 车辆网关系统 172

7.1.3 宝马 E65 控制局域网络的实例 173

7.2 雪铁龙凯旋多路传输系统 181

7.2.1 雪铁龙凯旋多路传输系统的组成与原理 181

7.2.2 雪铁龙凯旋多路传输系统的实例 186

7.3 通用车系车载网络系统 204

附录　电路图 210

参考文献 229

第1章

汽车电子控制基础

1.1　汽车电子控制技术的发展历程

汽车电子控制技术的发展历程如下：

20 世纪中期，微电子技术的迅猛发展给汽车工业的发展带来了蓬勃的生机，可以说汽车电子控制技术的发展是由电子学技术的发展带动起来的。

20 世纪 50 年代到 70 年代末汽车业主要是发展独立的零部件，即利用电子装置改善部分机械部件的性能。1948 年晶体管问世；1955 年，晶体管收音机开始在汽车上使用；1960年，硅二极管整流式交流发电机取代了直流发电机；1963 年，美国公司采用 IC 调节器，并在汽车上安装晶体管电压调节器和晶体管点火装置，且逐步实现集成化；1970 年，变速器的电子控制装置在汽车上投入使用。

20 世纪 70 年代末到 80 年代中期主要是发展一些独立系统。这一时期，汽车电子控制技术开始形成，且大规模集成电路得到广泛应用。1973 年，美国通用汽车公司采用 IC 点火装置并逐渐普及；1976 年，美国克莱斯勒公司首先研制出由模拟计算机对发动机点火时刻进行控制的电子点火系统；1977 年，美国通用公司开始采用数字式点火时刻控制系统；1980 年，使用卡尔曼空气流量计的单点喷射式电子控制燃油喷射装置被开发出来，之后电喷技术逐渐成熟，并开始大规模使用。

20 世纪 80 年代中期到 90 年代末主要是开发各种车辆整体的电子控制系统，以微处理器为核心的微机控制系统在汽车上开始大规模使用，其技术逐渐成熟完善，并向智能化发展，汽车进入电子化的时代。

2000 年以后，汽车电子控制系统进入智能化和网络化时代。汽车产品大量采用人工智能技术，并利用网络技术进行信息的传递与交换，从而使得汽车更加自动化、智能化。

随着汽车电子控制技术的飞速发展，汽车电子设备的成本在汽车总成本中占的比重也越来越大。汽车电子控制系统的具体应用见表 1-1。

电子技术在汽车发动机及整车上的广泛应用，使得汽车在各种工况下始终处于最佳的工作状态，各项性能指标都获得较大改善，例如燃油消耗降低、动力性能提高、排气污染减少，并大大提高汽车的工作可靠性、安全性和乘员舒适性。电子技术可使汽车、道路、环境和乘员之间形成一个完整的系统网络，这是采用任何机械的办法都无法达到的。

表 1-1　　汽车电子控制系统的应用

系统类别	电子装置
动力控制系统	电子点火系统，电子控制燃油喷射系统，废气再循环控制系统，电子控制强制怠速系统，排放控制等
安全与底盘电子系统	自动变速器，防滑差速器，动力转向，四轮转向，制动防抱死，驱动防滑，巡航控制，悬架控制，自动安全带，安全气囊，雷达防撞，倒车报警器，防盗系统等
车身电子系统	电动车窗，电动门锁，电动后视镜，电动天线，自动空调，座位调节系统等
信息与通信系统	电子声音复制，声控操作，音响，车内计算机，车载电话，交通控制信息系统，电子仪表显示，局域网技术等

1.2　汽车电子控制单元

1.2.1　电控系统的组成

目前，汽油机的电控系统一般包括三大部分：信号传感装置、电子控制单元(ECU)和执行机构，如图 1-1 所示。

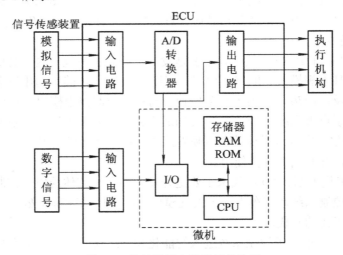

图 1-1　汽油机的电控系统结构图

若把汽车电子控制系统的工作过程比作人的活动，那么信号传感装置就相当于人的感知器官，感受外界的相关信息；电子控制单元(ECU)相当于人的大脑，接收信号传感装置收集到的各种信息，并在分析处理之后向执行机构发出控制命令；执行机构就相当于人的手足，做出具体的反应动作。

显然，在整个系统中，电子控制单元(ECU)是核心部分，它具有一定的智力功能，是完成系统工作、实现系统功能的关键。

1.2.2　电子控制单元(ECU)的基本功能

　　汽车电控系统的控制装置称为电子控制单元(ECU)，是一种电子综合控制装置。汽车电子控制单元的具体名称并不统一，不同的汽车生产厂家采用不同的名称，即使是同一生产厂家，由于生产年代不同、控制内容不同，其名称也可能不一样。如美国通用汽车公司称汽车电子控制单元为 ECM(电子控制组件)，而美国福特汽车公司起初称汽车电子控制单元为 MCU(微处理机控制装置)，后来又称之为 EEC(发动机电子控制装置)。电子控制单元的中枢是微处理器。

　　ECU 按其内部储存的程序，对汽车电控系统各传感器输入的信号数据进行运算、处理、分析、判断，然后输出控制指令，驱动有关执行器动作，从而达到快速、准确、自动地控制汽车的目的。其作用主要表现在以下几个方面：

　　(1) 接收传感器等其他装置输入的信息，并给传感器提供参考电压(2 V、5 V、9 V 或 12 V)。

　　(2) 处理、存储、计算和分析数据信息及故障信息。

　　(3) 根据输入的有关信息求出输出值(指令信号)，并且将输出值与标准值对比，进行故障判断。

　　(4) 把弱信号(指令信号)变为强信号(控制信号)。

　　(5) 当电控系统出现故障时，输出故障信息。

　　(6) 实行学习控制(自我修正输出值)。

　　现代发动机电控系统中，由于使用了 ECU，信号处理的速度和存储信息的容量都大大提高，因此，可以实现多功能、高精度的集中控制。ECU 不仅可用来进行燃油喷射控制，同时还可用来进行点火控制、怠速控制、排放控制、进气控制、增压控制、故障自诊断、失效保护和后备系统启用等。

1.2.3　电子控制单元(ECU)的基本构成

　　ECU 主要由输入电路、微处理器、输出电路以及电源电路、备用电路等组成，参见图 1-1。

1. 电源电路

　　电源电路是 ECU 的一个必不可少的部分，其电路图如图 1-2 所示。

　　图 1-2(a)与(b)所示为未装步进电机的 ECU 电源电路图。ECU 的电源有两路，一路来自点火开关控制的主继电器，它是 ECU 的主电源。打开点火开关后，主继电器触点闭合，电源送入 ECU 的内部处理电路，使 ECU 进入工作状态；关闭点火开关后，主继电器触点断开，ECU 的工作电源被切断，从而停止工作。另一路电源直接来自蓄电池，它是 ECU 记忆电路部分的电源。在点火开关关闭、发动机熄火后，该电路仍然保持蓄电池电压，使 ECU 的故障自诊断电路测得的故障码及其他有关数据可长期保存在 ECU 的存储器为，为故障检修提供依据。该电路称为 ECU 的备用电源电路。

　　图 1-2(c)所示为装有步进电机的 ECU 电源电路。图中，主继电器由微机控制，以便在

点火开关断开时，ECU 能继续接通主继电器约 2 s 的时间，以使步进电机回到初始位置，这样就可以保证步进电机有一个固定的初始位置。

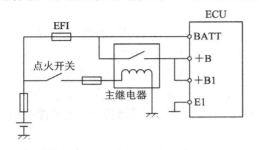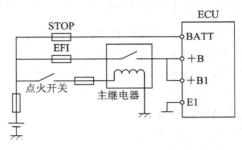

(a) 不带 STOP 熔丝、未装步进电机的电源电路　　　　(b) 带 STOP 熔丝、未装步进电机的电源电路

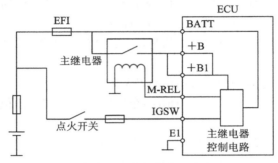

(c) 装有步进电机的电源电路

图 1-2　电源电路图

2．输入电路

输入电路的作用是实现外部传感器与微处理器之间的信息传递，即对传感器输入的信号进行预处理，使输入信号变成微处理器可以接收的信号。传感器输入的信号一般有两类：模拟信号和数字信号，需要分别由相应的电路对它们进行处理。

1）模拟量输入通道

空气流量传感器、水温传感器、进气温度传感器、线性输出式节气门位置传感器等向 ECU 提供的信号是模拟信号(幅值随时间连续变化的信号)，它们经过放大、滤波、A/D 转换等处理后才能被微处理器所接收。模拟量输入通道的任务是把传感器输出的模拟量转换成数字量，并输入微处理器，它的一般组成框图如图 1-3 所示，主要由信号处理装置、多路选择开关、采样保持器和 A/D 转换器等组成。

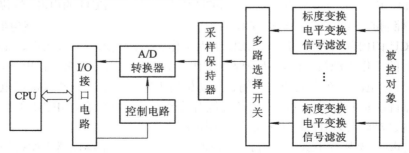

图 1-3　模拟量输入通道的组成框图

　　信号处理装置包括标度变换、电平变换和信号滤波等。传感器测得的物理量经标度变换变成电压信号，但其值很小，通常为 0 mV～40 mV，而 A/D 转换器所能处理的电压为 5 V、10 V、±5 V 等，故电压信号必须进行电平转换再传输给 A/D 转换器。电平转换的任务是使传感器输出的电压满量程和 A/D 转换器的电压满量程相匹配，这样可提高模拟信号测量系统的精度。

　　当多路模拟量输入时，不必为每个模拟量输入都匹配一个 A/D 转换器，而是可让它们共用一个 A/D 转换器。这时，输入通道中要增加一个多路选择开关，以使得每一路模拟量输入可轮流与 A/D 转换器接通，经 A/D 转换后再送入微处理器。

　　A/D 转换需要一定的时间，所以对随时间变化较快的模拟信号来说就会产生转换误差。解决这个问题的方法就是在 A/D 转换器前加采样保持器，从而可以以较小的采样时间对快速变化的信号进行采样。采样后保持电压，并对电压进行 A/D 转换。

　　2) 数字量输入通道

　　在汽车电控系统中，传感器也会采集数字信号，比如来自转速传感器的转速信号与上止点参考信号等。它们都是脉冲信号，经过放大、整形之后可直接通过 I/O 接口送入微处理器。例如，磁感应式转速传感器的输出信号随转速变化而变化，所以在发动机转速很低时，电压信号就会很弱，这就需要将信号放大，并且要变成完整的矩形波。因此，要设置放大电路和脉冲信号整形电路。

　　另外，数字量输入通道要解决电平转换和抗干扰等问题。微处理器只能接收 TTL 电平，所以送入的数字量只有转换成 TTL 电平才能传送给计算机。为了使计算机获得正确的信息，必须将外电路中的干扰与计算机相隔离。图 1-4 所示即为常用的电平转换及光电隔离电路。

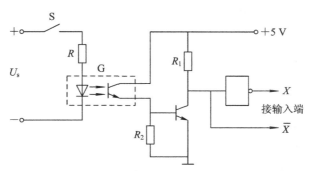

图 1-4　电平转换及光电隔离电路

3. 微处理器

　　微处理器是汽车电子控制单元的中枢。它的功能是把传感器送来的各种信号进行运算处理，并把处理结果(如燃油喷射指令信号、点火指令信号等)传送至输出电路，从而控制执行器的工作。微处理器主要由中央处理器(CPU)、存储器(RAM/ROM)、输入/输出(I/O)接口和总线等组成。

　　1) 中央处理器(CPU)

　　中央处理器是微处理器的核心部件。它的功能是执行程序，完成数据处理任务，并对存储器和 I/O 接口发出指令。

　　CPU 由运算器和控制器组成。运算器的作用是对信息进行加工处理，主要是完成各种算术运算、逻辑运算及移位操作等。控制器是 CPU 的指挥中心，它的功能是按照人们预先设定的操作步骤，控制运算单元、输入/输出接口以及存储器等部件步调一致地自动工作。

　　2) 存储器

　　存储器是信息存放和程序运行的场所，其主要功能是存储程序和数据。车用计算机所用的存储器按功能可划分为只读存储器(ROM)和随机存储器(RAM)。

　　ROM 是只能读出内容的专用存储器，其存储内容一次写入后就不能改变，但可以调出使用。ROM 的内容是永久性的，即使切断电源，其存储的内容也不会丢失，通电后又可立即使用。因此，ROM 适用于存储固定程序和数据，即存放各种永久性的程序和永久性、半永久性的数据，如电子控制汽油喷射系统中的一系列控制程序、喷油特性脉谱以及其他特性数据等。

　　RAM 的主要作用是存储微处理器工作时的可变数据，如各种输入、输出数据和计算过程中产生的中间数据等，并且可以根据需要随时调出或改变(改写)其中的数据。因为 RAM 的作用是暂时存储信息，所以当切断电源时，所有存入 RAM 的数据会全部消失。为了能较长期地保存某些数据，如故障码、空燃比学习修正值等，并防止点火开关关断时因电源被切断而造成数据丢失，RAM 一般都通过专用的后备电路与蓄电池直接连接，这样可以使它不受点火开关的控制。只有当专用电源后备电路断开或蓄电池上的电源线被拔掉时，存入 RAM 的数据才会消失。

　　3) I/O 接口

　　I/O 接口是 CPU 与输入装置(传感器)、输出装置(执行器)进行信息交换的通道。输入、输出装置一般都要通过 I/O 接口才能与 CPU 相连。

　　4) 总线

　　总线是传递信息的公共通道。在微处理器中，中央处理器、存储器与 I/O 接口是通过总线连接起来的，它们之间的信息交换均要通过总线才能进行。

　　本书第 2 章将重点介绍 Intel 公司生产的 MCS-51 系列单片机，它是一款 8 位微处理器。

　　4. 输出电路

　　输出电路是微处理器与执行器之间建立联系的一个装置。它的功能是将微处理器发出的指令信号转变成控制信号，以驱动执行器工作。

　　执行机构需要的控制信号既有模拟量，又有数字量，因而输出通道需分为模拟量输出通道和数字量输出通道。

　　1) 模拟量输出通道

　　模拟量输出通道的任务是把计算机的离散数字量输出变成连续的模拟量输出，以控制执行机构工作，其组成框图如图 1-5 所示。

　　计算机控制系统是按照采样周期工作的，在整个采样周期内计算机输出的控制信号不能中断，以保持连续控制，故模拟量输出通道除了 D/A 转换器外，还必须有保持器，通常采用零阶保持器。零阶保持器把前一时刻的采样值恒定不变地保持到下一个采样时刻。当下一个采样时刻到来时，又转换成新的采样值继续保持。图 1-5(a)所示为一个通道使用一个 D/A 转换器，所以转换速度快，工作可靠，但成本高。图 1-5(b)所示为多个通道共用一个 D/A 转换器，各通道由多路开关分时切换，故其转换速度低，可靠性差，适用于通道数量多且转换速度要求不高的场合。

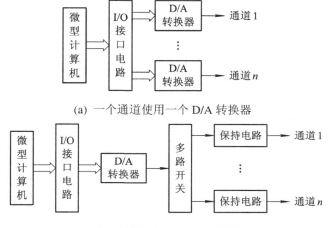

(a) 一个通道使用一个 D/A 转换器

(b) 多个通道共用一个 D/A 转换器

图 1-5　模拟量输出通道的组成框图

2) 数字量输出通道

数字量输出通道的任务是将微控制器的 I/O 接口输出的数字量转换成执行机构(如继电器、电磁阀、步进电机等)需要的信号。

数字量输出通道有如下三种形式：

(1) 由微控制器的 I/O 口直接控制执行机构；

(2) 通过半导体开关管控制执行机构；

(3) 通过继电器控制执行机构。

例如，图 1-6 所示的喷油器的控制电路，由于微处理器输出的指令信号是低电压、小电流的数字信号，不能直接驱动执行器工作，所以需要输出电路将该信号转换成可以驱动执行器工作的控制信号。该电路中，微处理器的输出信号可控制晶体管导通或截止，从而为喷油器提供具有一定宽度的脉冲驱动信号。

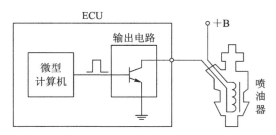

图 1-6　喷油器的控制电路

图 1-7 所示为电磁阀的常用控制电路。当微控制器通过接口输出高电平时，光电耦合器 G 输出低电平，使 V_1 截止、V_2 导通，从而有电流流过电磁阀的线圈 J；当微控制器输出低电平时，光耦 G 输出高电平，V_1 导通，V_2 截止，J 被关断，在关断 J 的瞬间，存储在 J 中的能量通过 J 与 V_D 构成的回路变成热能而消耗掉。图中，晶体管 V_1、V_2 实现功率放大；

并联在 J 两端的二极管 V_D 用来释放线圈断电时产生的反向电压，这种冲击电压对线路的干扰由光电耦合器 G 进行隔离，以防止其干扰微控制器正常工作。

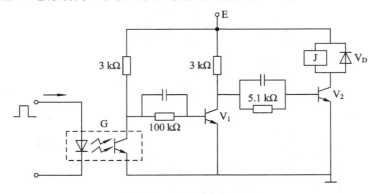

图 1-7　电磁阀的控制电路

图 1-8 所示为三相步进电机的控制电路图。从接口芯片 8355A 的 A 口传送出方向信号和脉冲信号，输出的脉冲信号经过光电隔离电路进入环形分配器。每输入一个脉冲信号，环形分配器就改变一次输出状态，从而依次接通步进电机的各相绕组，使电机运转。在图中，脉冲信号还会被送入一个加法计数器的输入端，进行位置累加计数，其结果通过 8355A 的 B 口输入 8355A，用于位置监视和步进电机的加减速控制。

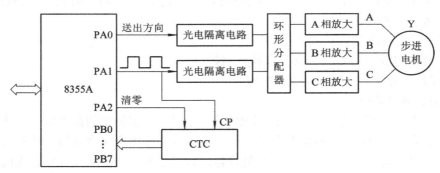

图 1-8　三相步进电机的控制电路图

第2章

MCS-51 单片机介绍

2.1　单片机概述

2.1.1　单片机的含义

单片机(Single Chip Micro Computer)也称为微控制器 MCU(Micro Controller Unit)。它是采用超大规模集成电路技术把中央处理器(CPU)、一定容量的存储器(RAM/ROM 等)、多种输入/输出(I/O)接口和中断系统、定时计数器等功能电路(可能还包括显示驱动电路、脉宽调制电路、A/D 转换器等电路)集成到一块硅片上而构成的一个小而完善的计算机处理系统。简单地说，一个单片机就相当于一个微型的计算机。与计算机相比，单片机只缺少了 I/O 设备。

单片机具有功能强、体积小、成本低、功耗小、配置灵活等特点。以单片机为核心构成的控制系统，成本低廉且能够适应各种现场环境，具有实时、快速的外部响应，因而被广泛应用在工业控制、智能化仪器仪表、通信、家电、汽车等领域中。事实上，单片机是世界上数量最多的计算机。现代人类生活中，几乎所用的每件电子和机械产品中都会集成有单片机。手机、家用电器、电子玩具、掌上电脑以及鼠标等电脑配件中会有 1～2 部单片机；汽车上一般会配备 40 多部单片机；复杂的工业控制系统上甚至可能会有数百台单片机同时工作。

2.1.2　单片机的产品分类

根据应用范围的不同，单片机可分为通用型单片机和专用型单片机两种。

1. 通用型单片机

通用型单片机是由单片机厂家生产的、供广大用户选择使用的、具有基本功能的芯片，其性能全面、适应性强、能够满足多种控制的需要。但使用时用户必须进行二次开发设计，即根据需要以通用单片机为核心配以其他外围电路、芯片，从而构成控制系统，同时还需要编写控制程序。

目前，世界上通用型单片机芯片的主要生产厂家有美国 Intel 公司、Motorola 公司、荷兰 Philips 公司、德国 Siemens 公司、日本 Toshiba 公司、韩国的 Samsung 公司等。其中，Intel 公司的单片机最具有代表性，应用也最广。自 1976 年起，Intel 公司相继开发了 MCS-48、MCS-51、MCS-96 三大系列产品。此三大系列产品是我国目前的主流系列。在 Intel 公司对 MCS-51 系列单片机实行技术开放政策之后，许多公司，如 Philips、Siemens、Atmel、华邦、LG 等都以 MCS-51 中的 8051 为基核推出了许多各具特色且具有优异性能的单片机。以 8051 为基核推出的各种型号的兼容型单片机统称为 51 系列单片机。Intel 公司 MCS-51 系列单片机中的 8051 是最基础的单片机型号。

2. 专用型单片机

专用型单片机是专门针对某一类产品甚至是某一个产品而设计制造的单片机。此类型的单片机即不需要进行二次设计，也不用进行功能开发，一般由厂家与芯片制造商合作生产设计。例如全自动洗衣机、来电显示电话上的单片机都是专用型单片机。专用型单片机通用性差，但由于是专门针对某一控制系统设计的，因此其结构紧凑、资源优化、成本低，在其应用领域具有明显的综合优势。

2.1.3　单片机在汽车电子控制系统中的应用

在现代的汽车中，电子设备比比皆是，均已涉及汽车的各主要部件(见表 1-1)。其控制装置中的单片机既有功能强大的 16 位机或 32 位机，也有低性能的 8 位机。

例如，现代汽车发动机的功能越来越完善，其控制系统也越来越复杂。控制系统需要不断地采集各个传感器的信息，并按照预定的程序进行实时计算，所以对单片机的运算速度、数据字长、与外部设备的接口等方面不断提出新的要求。目前，发动机控制系统内单片机的总线频率已经提高到几十兆赫，机型多为 16 位机或 32 位机。Motorola 公司生产的 MC68HC912DG128A 单片机就被德尔福等汽车电子企业选用在自己的电控单元的产品中。

再如，车身电子系统大量采用电子技术，其目标是提高驾驶舒适程度并为驾驶员提供车况信息。如空调系统、座椅调节系统、电动车窗、电动后视镜等，这些应用系统通常以较低的速率进行数据传输，但要求有大电流驱动模块来驱动电动机和执行机构。由于控制对象的数目众多，必须考虑成本，因而廉价的 8 位控制器就成了首选。

另外，随着汽车上电子控制单元的增多，为节省导线、易于布线以及在各控制单元之间快速地传输信息，网络技术便成为了有效的手段。

2.2　MCS-51 单片机的基本结构

1980 年，Intel 公司推出了 8 位的高档 MCS-51 系列单片机，它们至今还在被人们广泛应用。MCS-51 系列单片机的典型芯片是 8051，所以本书将以 8051 为例来介绍 MCS-51 系列单片机。

2.2.1　MCS-51 单片机的性能介绍

MCS-51 单片机的基本结构如图 2-1 所示。其内部具有以下硬件资源：

(1) 8 位的中央处理器(CPU)。CPU 是单片机的核心，由运算器和控制器组成。MCS-51

单片机的 CPU 能同时处理 8 位二进制数或代码，故称为 8 位机。

(2) 256 个字节的内部 RAM(包括 21 个 SFR)。RAM 主要用于存储可读写的数据，因此又称为数据存储器。

(3) 内部 ROM。由于 ROM 通常用于存放程序、原始数据、表格等，所以又称为程序存储器。8051 的内部有 4 K 字节的掩膜 ROM 和 4 K 字节的 EPROM，而 8031 无片内 ROM。

(4) 2 个可编程的 16 位定时/计数器 T_0、T_1，用于对外部脉冲进行计数，也可用来实现定时操作。

(5) 4 个 8 位的并行 I/O 口 P_0、P_1、P_2、P_3，可用来实现数据的并行输入与输出。

(6) 1 个全双工异步串行接口，可用来实现单片机与其他设备之间的串行数据通信。该串行口功能较强，既可作为全双工异步通信收发器使用，也可作为同步移位器使用。

(7) 5 个中断源，包括 3 个内部中断与 2 个外部中断，可通过编程将其设置为两个优先级别。

(8) 内部时钟电路，用于产生 CPU 正常工作所需的时钟信号。其中，石英晶体振荡器和微调电容需外接。

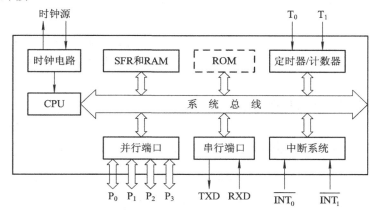

图 2-1　MCS-51 单片机的内部基本结构

2.2.2　MCS-51 单片机的存储器

1. 存储器概述

存储器是计算机中不可缺少的重要部件，用于储存二进制信息。下面介绍一些有关存储器的基本概念。

(1) 位：信息的基本单位是位(bit 或 b)，表示一个二进制信息"1"或"0"。

(2) 字节：在微型机中信息大多是以字节(Byte 或 B)形式存放的，一个字节由 8 个位组成(1 Byte＝8 bit)，通常称作一个存储单元。

(3) 存储容量：存储器芯片的存储容量是指一片芯片所能存储的信息位数，例如 8 K × 8 位的芯片，其存储容量为 $8 \times 1024 \times 8$ 位＝65 536 位信息。

(4) 地址：地址表示存储单元所处的物理空间的位置，用一组二进制代码来表示。地址相当于存储单元的"单元编号"。CPU 可以通过地址码访问某一存储单元，一个存储单元对应一个地址码。例如 8051 单片机有 16 位地址线，能访问的外部存储器的最大地址空间为 64 K(65 536)字节，对应的 16 位地址码为 0000H～FFFFH。

(5) 存取周期：是指存储器存放或取出一次数据所需的时间。存储容量和存取周期是存储器的两项重要性能指标。

2. 半导体存储器的分类

半导体存储器按读、写功能可以分为随机读/写存储器 RAM(Random Access Memory)和只读存储器 ROM(Read Only Memory)。

RAM 可以进行多次信息写入和读出，每次写入后，原来的信息将被新写入的信息所取代。另外，RAM 在断电后再通电时，原存的信息会全部丢失，所以它主要用来存放临时数据。

ROM 的信息一旦写入后，便不能随机修改。在使用 ROM 时，只能读出信息，而不能写入，且在掉电后 ROM 中的信息仍然保留，所以它主要用来存放固定不变的程序和数据。ROM 按生产工艺又可以分为以下几种：

(1) 掩膜 ROM：其存储的信息在制造过程中采用一道掩膜工艺生成，一旦出厂，信息就不可改变。

(2) 可编程只读存储器 PROM：其存储的信息可由用户通过特殊手段一次性写入，但只能写入一次。

(3) 可擦除只读存储器：用户可以多次擦除其存储的信息，并可用专用的编程器重新写入新的信息。可擦除只读存储器又可分为紫外线擦除的 EPROM、电擦除的 EEPROM 和 Flash ROM。

3. 8051 的内部数据存储器

8051 的内部 RAM 有 256 个单元，通常在空间上分为两个区：低 128 个单元(地址为 00H～7FH)的内部数据 RAM 块和高 128 个单元(地址为 80H～0FFH)的专用寄存器 SFR 块，见图 2-2。

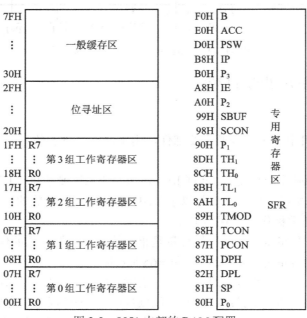

图 2-2　8051 内部的 RAM 配置

(1) 工作寄存器区(00H~1FH)。工作寄存器区也称为通用寄存器，该区域共有 4 组寄存器，每组由 8 个寄存单元组成，各组均以 R0~R7 作寄存器编号。在任一时刻，CPU 只能使用其中的一组通用寄存器，称为当前通用寄存器组，具体使用哪组可由程序状态寄存器 PSW 中 RS_1、RS_0 位决定，见表 2-1。通用寄存器为 CPU 提供了就近存取数据的便利，提高了工作速度，也为编程提供了方便。

表 2-1　工作寄存器组(区)的选择

RS_1	RS_0	寄存器组	R0~R7 地址
0	0	第 0 组	00H~07H
0	1	第 1 组	08H~0FH
1	0	第 2 组	10H~17H
1	1	第 3 组	18H~1FH

(2) 位寻址区(20H~2FH)。内部 RAM 的 20H~2FH 地址段，共 16 个单元(计 $16 \times 8 = 128$ 位)为位寻址区，位地址为 00H~7FH，见表 2-2。既可将位寻址区作为一般的 RAM 区进行字节操作，也可对单元的每一位进行位操作。

表 2-2　位寻址区位地址分配表

单元地址	MSB			位地址				LSB
2FH	7FH	7EH	7DH	7CH	7BH	7AH	79H	78H
2EH	77H	76H	75H	74H	73H	72H	71H	70H
2DH	6FH	6EH	6DH	6CH	6BH	6AH	69H	68H
2CH	67H	66H	65H	64H	63H	62H	61H	60H
2BH	5FH	5EH	5DH	5CH	5BH	5AH	59H	58H
2AH	57H	56H	55H	54H	53H	52H	51H	50H
29H	4FH	4EH	4DH	4CH	4BH	4AH	49H	48H
28H	47H	46H	45H	44H	43H	42H	41H	40H
27H	3FH	3EH	3DH	3CH	3BH	3AH	39H	38H
26H	37H	36H	35H	34H	33H	32H	31H	30H
25H	2FH	2EH	2DH	2CH	2BH	2AH	29H	28H
24H	27H	26H	25H	24H	23H	22H	21H	20H
23H	1FH	1EH	1DH	1CH	1BH	1AH	19H	18H
22H	17H	16H	15H	14H	13H	12H	11H	10H
21H	0FH	0EH	0DH	0CH	0BH	0AH	09H	08H
20H	07H	06H	05H	04H	03H	02H	01H	00H

(3) 用户 RAM 区(30H~7FH)。单元地址为 30H~7FH 的 80 个单元为用户 RAM 区，在一般应用中把堆栈设置在该区域中。

(4) 专用寄存器区(80H~0FFH)。内部 RAM 的高 128 单元中分散有 21 个专用寄存器。表 2-3 为 21 个专用寄存器一览表。

表 2-3　专用寄存器表

寄存器名称	符号	MSB			位地址/位名称				LSB	地址	复位后初值
*B 寄存器	B	F7H	F6H	F5H	F4H	F3H	F2H	F1H	F0H	F0H	00H
*累加器	A	E7H	E6H	E5H	E4H	E3H	E2H	E1H	E0H	E0H	00H
*程序状态字寄存器	PSW	D7H	D6H	D5H	D4H	D3H	D2H	D1H	D0H	D0H	00H
		CY	AC	F_0	RS_1	RS_0	OV	—	P		
*中断优先级寄存器	IP	—	—	—	BCH	BBH	BAH	B9H	B8H	B8H	×××00000B
		—	—	—	PS	PT_1	PX_1	PT_0	PX_0		
*P₃ 口数据寄存器	P_3	B7H	B6H	B5H	B4H	B3H	B2H	B1H	B0H	B0H	FFH
		$P_{3.7}$	$P_{3.6}$	$P_{3.5}$	$P_{3.4}$	$P_{3.3}$	$P_{3.2}$	$P_{3.1}$	$P_{3.0}$		
*中断允许寄存器	IE	AFH	—	—	ACH	ABH	AAH	A9H	A8H	A8H	0××00000B
		EA	—	—	ES	ET_1	EX_1	ET_0	EX_0		
*P₂ 口数据寄存器	P_2	A7H	A6H	A5H	A4H	A3H	A2H	A1H	A0H	A0H	FFH
		$P_{2.7}$	$P_{2.6}$	$P_{2.5}$	$P_{2.4}$	$P_{2.3}$	$P_{2.2}$	$P_{2.1}$	$P_{2.0}$		
串口缓冲器	SBUF									99H	不定
*串口控制寄存器	SCON	9FH	9EH	9DH	9CH	9BH	9AH	99H	98H	98H	00H
		SM_0	SM_1	SM_2	REN	TB_8	RB_8	TI	RI		
*P₁ 口数据寄存器	P_1	97H	96H	95H	94H	93H	92H	91H	90H	90H	FFH
		$P_{1.7}$	$P_{1.6}$	$P_{1.5}$	$P_{1.4}$	$P_{1.3}$	$P_{1.2}$	$P_{1.1}$	$P_{1.0}$		
T_1 计数器高 8 位	TH_1									8DH	00H
T_0 计数器高 8 位	TH_0									8CH	00H
T_1 计数器低 8 位	TL_1									8BH	00H
T_0 计数器低 8 位	TL_0									8AH	00H
定时方式寄存器	TMOD	GATE	$C/\overline{T}$	M1	M0	GATE	$C/\overline{T}$	M1	M0	89H	00H
*定时器控制寄存器	TCON	8FH	8EH	8DH	8CH	8BH	8AH	89H	88H	88H	00H
		TF_1	TR_1	TF_0	TR_0	IE_1	IT_1	IE_0	IT_0		
电源控制寄存器	PCON	SMOD	—	—	—	GF_1	GF_0	PD	IDL	87H	00H
数据指针高 8 位	DPH									83H	00H
数据指针低 8 位	DPL									82H	00H
堆栈指针	SP									81H	07H
*P₀ 口数据寄存器	P_0	87H	86H	85H	84H	83H	82H	81H	80H	80H	FFH
		$P_{1.7}$	$P_{1.6}$	$P_{1.5}$	$P_{1.4}$	$P_{1.3}$	$P_{1.2}$	$P_{1.1}$	$P_{1.0}$		

注：标有"*"的寄存器可以位寻址。

下面介绍几个常用的专用寄存器。

① 累加器 A(Accumulator)。累加器是最常用的一个 8 位专用寄存器，是运算器的重要组成部分，大多数运算操作都有它的参与。其既可存放操作数，又可存放运算结果。

② 寄存器 B。寄存器 B 是 8 位寄存器，主要用于乘、除运算，同时也可作为一般的寄存器使用。

③ 程序状态字 PSW(Program Status Word)。程序状态字是 8 位寄存器，用于指示程序的运行状态信息。其中有些位是根据程序执行结果由硬件自动设置的，而有些位可由用户通过指令来设定。PSW 中各标志位的名称及定义如下：

位　序	PSW.7	PSW.6	PSW.5	PSW.4	PSW.3	PSW.2	PSW.1	PSW.0
位名称	CY	AC	F_0	RS_1	RS_0	OV	—	P

- CY——进(借)位标志位。在加减运算中，若操作结果的最高位有进位或有借位时，CY 由硬件自动置 1，否则清 0。在位操作中，CY 作为位累加器使用。
- AC——辅助进(借)位标志位。在加减运算中，当低四位向高四位产生进位或借位时，此标志位由硬件自动置 1，否则清 0。
- F_0——用户标志位。由用户通过软件设定，用以控制程序转向。
- RS_1、RS_0——寄存器组选择位。用于设定当前通用寄存器组的组号，具体组号见表 2-1。
- OV——溢出标志位。在有符号数(补码数)的加减运算中，若 OV=1，表示加减运算的结果超出了累加器 A 的八位有符号数的表示范围($-128 \sim +127$)，产生溢出，因此运算结果是错误的。若 OV=0，表示结果未超出累加器 A 的符号数的表示范围，运算结果正确。

乘法运算时，若 OV=1，表示结果大于 255，结果分别存在累加器 A、寄存器 B 中。若 OV=0，表示结果未超出 255，结果只存在累加器 A 中。除法运算时，若 OV=1，表示除数为 0。OV=0，表示除数不为 0。

- P——奇偶标志位，表示累加器 A 中 1 的个数的奇偶性。在每个指令周期由硬件根据累加器 A 的内容的奇偶性对 P 自动置位或复位。P=1，表示累加器 A 中的内容有奇数个 1。

④ 数据指针 DPTR(Data Pointer)。数据指针 DPTR 是唯一的一个供用户使用的 16 位寄存器，它由两个 8 位寄存器 DPH 与 DPL 组成。DPTR 通常在访问外部数据存储器时作为地址指针使用，寻址范围为 64 KB。

⑤ 堆栈指针 SP(Stack Pointer)。程序运行时需要一个连续的 RAM 块作为数据缓冲区，以暂时存放程序运行过程中的一些重要数据，此 RAM 块称为堆栈。

堆栈的主要功用是保护断点和保护现场。因为计算机无论执行的是中断程序还是子程序，最终都要返回主程序。在转去执行中断程序或子程序时，要把主程序的断点保护起来，以便能正确的返回。同时，也要将中断程序或子程序可能要用到的寄存器中的内容保护起来，即保护现场。

堆栈指针 SP 用于指示栈顶单元地址，是一个 8 位寄存器。当系统复位后，SP 的内容为 07H。

堆栈的最大特点是按"后进先出"的数据操作原则执行。MCS-51 系列单片机的堆栈是向上生长型，即数据进栈时，SP 的内容先自动加 1 后再向栈区写入数据；数据出栈时，SP 所指示的栈区数据先弹出，然后 SP 的内容再自动减 1。

4. 8051 的内部程序存储器

在介绍 8051 的内部程序存储器前，先介绍一个重要的专用寄存器——程序计数器 PC。

PC(Program Counter)为一个 16 位的计数器，其存储的内容为单片机将要执行的指令机器码所在的存储单元的地址。PC 具有自动加 1 的功能，即 CPU 以 PC 的当前值为地址从

ROM 中读取一个字节指令后，PC 自动加 1，以指向下一个 ROM 单元，当 CPU 再次以 PC 的当前值为地址进行指令读取时，读到的就是下一个 ROM 单元的内容，这样就实现了程序的自动按顺序执行。由于 PC 是不可寻址的，因此用户无法对它直接进行读写操作，但可以通过转移、调用、返回等指令改变其内容，以实现程序的转移。复位后，PC=0000H。

程序存储器主要用于存放程序及重要的数据。大多数 51 系列单片机的内部都配置有一定数量的程序存储器 ROM，如 8051 芯片内有 4 KB 的掩膜 ROM 存储单元，AT89C51 芯片内部配置了 4 KB 的 FlashROM，它们的地址范围均为 0000H～0FFFH。内部程序存储器内有如下一些特殊单元，使用时要注意。

* 0000H 单元：系统复位后，PC=0000H，即单片机从 0000H 单元开始执行程序。如果主程序不是从 0000H 单元开始存放，就必须在 0000H～0002H 单元中存放一条无条件转移指令，以便转去执行指定的应用程序。
* 0003H 单元：外部中断 0 的中断程序入口地址。
* 000BH 单元：定时器/计数器 0 的中断程序入口地址。
* 0013H 单元：外部中断 1 的中断程序入口地址。
* 001BH 单元：定时器/计数器 1 的中断程序入口地址。
* 0023H 单元：串行中断程序入口地址。

在中断程序入口地址单元中应存放相应的中断服务程序，但 8 个单元通常难以存下一个完整的中断服务程序，因此往往需要在中断程序入口地址单元中存放一条无条件转移指令，以便转到中断服务程序真正的入口地址。

对程序存储器的操作作以下说明：

(1) 程序指令的自主操作。CPU 按照 PC 指针自动地从程序存储器中取出指令。

(2) 用户使用指令对程序存储器中的常数表格进行读操作。此操作可用 MOVC 指令实现。

5. 8051 的外部存储器

因 8051 的内部程序计数器 PC 为 16 位计数器，同时 8051 共有 16 根地址线引脚，因此在 8051 单片机的外部可以分别扩展 64 KB 的 ROM 与 64 KB 的 RAM。

2.2.3 MCS-51 单片机的引脚功能介绍

MCS-51 单片机的引脚图见图 2-3。下面对各引脚的作用进行介绍。

1. 主电源引脚 VCC 和 VSS

V_{CC} 为电源输入端，正常操作时接 +5 V 电源；V_{SS} 为接地线。

2. 时钟振荡电路引脚 XTAL1、XTAL2

$XTAL_1$ 和 $XTAL_2$ 分别用作晶体振荡电路的反相器输入端和输出端。MCS-51 单片机的时钟电路见图 2-4。图 2-4(a)中采用了芯片内部的一个高增益反向放大器、芯片外

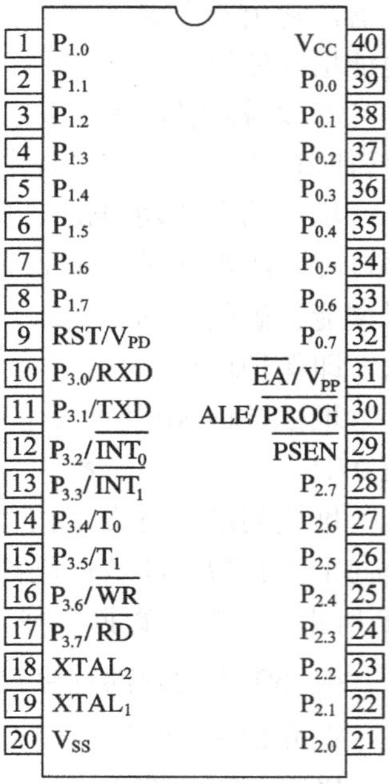

1 $P_{1.0}$	V_{CC} 40
2 $P_{1.1}$	$P_{0.0}$ 39
3 $P_{1.2}$	$P_{0.1}$ 38
4 $P_{1.3}$	$P_{0.2}$ 37
5 $P_{1.4}$	$P_{0.3}$ 36
6 $P_{1.5}$	$P_{0.4}$ 35
7 $P_{1.6}$	$P_{0.5}$ 34
8 $P_{1.7}$	$P_{0.6}$ 33
9 RST/V_{PD}	$P_{0.7}$ 32
10 $P_{3.0}$/RXD	$\overline{EA}$/V_{PP} 31
11 $P_{3.1}$/TXD	ALE/$\overline{PROG}$ 30
12 $P_{3.2}$/$\overline{INT_0}$	$\overline{PSEN}$ 29
13 $P_{3.3}$/$\overline{INT_1}$	$P_{2.7}$ 28
14 $P_{3.4}$/T_0	$P_{2.6}$ 27
15 $P_{3.5}$/T_1	$P_{2.5}$ 26
16 $P_{3.6}$/$\overline{WR}$	$P_{2.4}$ 25
17 $P_{3.7}$/$\overline{RD}$	$P_{2.3}$ 24
18 $XTAL_2$	$P_{2.2}$ 23
19 $XTAL_1$	$P_{2.1}$ 22
20 V_{SS}	$P_{2.0}$ 21

图 2-3 MCS-51 单片机的引脚图

连的晶体振荡器和微调电容构成一个稳定的自激振荡器，这就是单片机的内部时钟电路。时钟电路产生的振荡脉冲经过二分频以后，才成为单片机的时钟信号。晶振的频率 f_{osc} 通常在 6 MHz～12 MHz 之间选择。1 个机器周期＝12 个振荡周期＝$12/f_{osc}$。

在由多个单片机组成的系统中，为了保持单片机间的工作同步，往往需要统一的时钟信号，这可采用外部时钟信号引入的方法来实现。外接信号应是高电平持续时间大于 20 ns 的方波，且脉冲频率应低于 12 MHz。如图 2-4(b)所示。

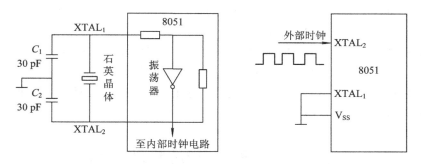

(a) 内部时钟电路　　　　　　　　　(b) 外部时钟源接法

图 2-4　MCS-51 单片机的时钟电路

3. 并行输入/输出引脚

$P_{0.0}$～$P_{0.7}$(39～32 脚)：8 位漏极开路的三态双向输入/输出口。

$P_{1.0}$～$P_{1.7}$(1～8 脚)：8 位带有内部上拉电阻的准双向输入/输出口。

$P_{2.0}$～$P_{2.7}$(21～28 脚)：8 位带有内部上拉电阻的准双向输入/输出口。

$P_{3.0}$～$P_{3.7}$(10～17 脚)：8 位带有内部上拉电阻的准双向输入/输出口。

4. 控制类引脚

(1) RST/V_{PD}(9 脚)。RST 为复位信号输入端。复位是单片机系统的初始化操作，在该引脚上输入持续 2 个机器周期以上的高电平时，单片机系统复位。系统复位后对专用寄存器的影响情况见表 2-3。同时，复位操作还对单片机的个别引脚信号有影响，如把 ALE 和 PSEN 信号变为无效状态，即 ALE＝1，PSEN＝1。复位操作对内部 RAM 不产生影响。复位电路见图 2-5。

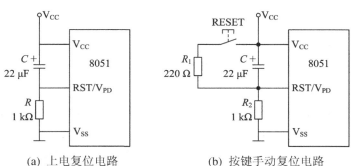

(a) 上电复位电路　　　　　　　　　(b) 按键手动复位电路

图 2-5　MCS-51 单片机的复位电路

V_{PD} 为内部 RAM 的备用电源输入端。当主电源 V_{CC} 发生断电或电压降到一定值时，可通过 V_{PD} 为单片机的内部 RAM 提供电源，以保护片内 RAM 中的信息不丢失，使其上电后能继续正常运行。

(2) $\overline{EA}$/V_{PP}(31 脚)。$\overline{EA}$ 为访问外部程序存储器的控制信号输入线。当 $\overline{EA}$ 为低电平时，CPU 只能访问外部程序存储器；当 $\overline{EA}$ 为高电平时，CPU 即可访问内部程序存储器(当 8051 单片机的 PC 值小于等于 0FFFH 时)，也可访问外部程序存储器(当 PC 值大于 0FFFH 时)。V_{PP} 为 8751 EPROM 的 21 V 编程电源输入端。

(3) $\overline{PSEN}$ (29 脚)。$\overline{PSEN}$ 是外部程序存储器的读选通输出信号线，低电平有效。在读外部 ROM 时 $\overline{PSEN}$ 输出负脉冲作为外部 ROM 的选通信号，而在访问外部 RAM 或片内 ROM 时不会产生有效的 $\overline{PSEN}$ 信号。

(4) ALE/$\overline{PROG}$ (30 脚)。ALE 为地址锁存允许信号输出端，高电平有效。在访问外部存储器时，该信号将 P0 口送出的低 8 位地址锁存到外部地址锁存器中。在不访问外部存储器时，ALE 也以时钟振荡频率的 1/6 的固定速率输出，因而它又可用作外部定时或其他需要。

$\overline{PROG}$ 是 8751 对内部 EPROM 编程时的编程脉冲输入端。

2.3　MCS-51 单片机的指令

2.3.1　单片机的指令系统概述

指令就是指挥计算机工作的命令。一台计算机能执行的全部指令称为该计算机的指令系统。指令系统全面描述了 CPU 的功能。指令系统是由生产厂家确定的，不同的 CPU 有不同的指令系统。编程语言是人机对话的工具，按使用层次可分为机器语言、汇编语言和高级语言。机器语言(二进制代码)能直接被机器识别，用其编写的程序运行效率高，但编程效率低，不便于阅读、书写和交流。引入助记符将机器语言符号化后就成为汇编语言，其指令直观易懂。用汇编语言编写的程序称为汇编语言程序。汇编语言程序必须经过汇编(机器汇编或手工汇编)成为机器语言后才能被机器执行。

例如将累加器 A 中的数据加 9 的指令，机器语言为 0010 0100 0000 1001B，而汇编指令为 ADD　A，#09H。

高级语言的编程效率高，但编写出的程序运行效率低。

2.3.2　汇编语言的语句格式

汇编语言程序由一系列语句组成，一行为一个语句。汇编语言的语句格式如下：

[标号：]　操作码助记符　[操作数] [；注释]

1. 标号

标号表示该指令代码第一字节的地址，是用户根据程序需要(该指令为子程序入口指令或程序转移的目标指令)而设定的符号地址。标号由英文字母、数字或下划线组成，但必须以英文字母开头，以"："结束，一般包含 1～8 个字符。不能使用汇编语言中已经定义的符号(如助记符、寄存器符号等)作标号，一个标号在同一程序中只能定义一次。

2. 操作码助记符

操作码助记符是表示指令操作功能的英文缩写，是语句的核心部分。每条语句都必须有操作码。

3. 操作数

操作数表示指令的操作对象,其表示形式与寻址方式有关。一条指令中可以没有操作数,也可以有多个操作数,操作数和操作码之间以空格分隔,操作数之间以逗号分隔。

4. 注释

注释是编程者为方便程序的理解、交流而书写的解释性文字、符号,不属于语句的功能部分,既不产生代码,对汇编过程也不起作用。注释必须以";"开始。

2.3.3　寻址方式

操作数是指令的一个重要组成部分,所谓的寻址方式就是确定操作数所在的位置(地址)的方法。MSC-51 系列单片机共有七种寻址方式。

1. 立即寻址

立即寻址是指在指令中直接给出操作数的寻址方式。操作数作为指令的一个组成部分存放在程序存储器中。该操作数称为立即数。立即数前应加"#"标记,如下面指令中的"#40H":

  MOV　A,　#40H

该指令将立即数 40H 送累加器 A 中。

2. 直接寻址

直接寻址是在指令中直接给出操作数地址的寻址方式。这种寻址方式可对内部数据存储器进行访问。如下面指令中的"50H":

  MOV　A,　50H

该指令把内部 RAM 中地址为 50H 的单元(直接寻址)中的内容送入累加器 A 中。

3. 寄存器寻址

寄存器寻址是指以指令指定的寄存器的内容作为操作数的寻址方式。指定的寄存器有工作寄存器 R0~R7、累加器 A、数据指针 DPTR。如下面指令中的"A、R2":

  MOV　A,　R2

该指令是将工作寄存器 R2 的内容送给累加器 A。

4. 寄存器间接寻址方式

寄存器间接寻址是以指令中指定寄存器的内容作为地址取得操作数的方法。指定的寄存器有 R0、R1、DPTR,使用时寄存器前面加"@"标志。如下面指令中的"@R0":

  MOV　A,　@R0

该指令的操作为将寄存器 R0 的内容(设(R0)=30H)作为地址,把片内 RAM 地址为 30H 的单元中的内容(设(30H)=48H)送入累加器 A,指令执行后(A)=48H。

5. 基址加变址寻址

基址加变址就是以 DPTR 或 PC 为基址寄存器,以 A 为变址寄存器,然后以两者内容相加形成的 16 位地址作为操作数地址。例如下面指令中的"@A+DPTR":

  MOVC　A,　@A+DPTR

该指令是把 DPTR 的内容作为基地址，把 A 的内容作为偏移量，再将两量相加形成 16 位地址，然后将该地址的程序存储器 ROM 单元中的内容送给累加器 A。假设指令执行前为：(DPTR) = 1100H，(A) = 56H，ROM(1156H) = 80H，则该指令执行后：(A) = 80H。

基址加变址寻址只能对程序存储器进行寻址。

6. 相对寻址

相对寻址方式只用于相对转移指令中。相对转移指令以当前 PC 的值(即本指令下面一条指令的首字节地址)与指令中给定的相对偏移量 rel 之和作为程序转移的目标地址。偏移量 rel 是 8 位二进制补码，转移范围位于当前 PC 值的 −128～+127 个字节单元之间。例如下面的指令：

JZ　　30H　　；当(A) = 0 时，则 PC ← (PC) + 2 + rel，程序转移

　　　　　　　；当(A) ≠ 0 时，则 PC ← (PC) + 2，程序按原顺序执行

7. 位寻址

位寻址是对内部 RAM 及专用寄存器的可寻址位的内容进行操作的寻址方式。可进行位寻址的空间有：

(1) 片内 RAM 的 20H～2FH，共 16 个单元 128 位，其位地址编码为 00H～7FH。

(2) 字节地址能被 8 整除的 SFR(11 个)。对这些寻址位，可以有以下几种表示方法：

① 直接位地址方式，如：0D5H；

② 位名称方式，如：F0；

③ 点操作符方式，如 PSW.5 或 0D0H.5；

以上几种方式指的都是 PSW 中的第 5 位。

例如指令：MOV　　C，07H

该指令属位操作指令，将内部 RAM 20H 单元的 D_7 位(位地址为 07H)的内容送给位累加器 CY。

2.3.4　指令中符号的约定

下面对汇编指令系统中指令的符号约定进行介绍。

* Rn：当前选中的工作寄存器组的工作寄存器，n = 0～7。

* @Ri：以 R0 或 R1 作寄存器间接寻址，"@" 为间址符，i = 0、1。可以访问片内 RAM 的低 128 字节和片外 RAM 的低 256 字节。

* @DPTR：以数据指针 DPTR 的内容为地址的寄存器间接寻址，对外部 RAM 的 64 K 字节地址空间进行寻址。

* direct：8 位直接地址，可以是内部 RAM 单元地址(00H～7FH)，也可以是特殊功能寄存器地址(80H～FFH)。

* addr11：11 位地址，短转移(AJMP)及短调用(ACALL)指令中用于构成转移目标地址，可在 2 KB 范围内转移。实际编程时用标号代替此指令。

* addr16：16 位地址，长转移(LJMP)及长调用(LCALL)指令中为转移目标地址，转移范围为 64 KB。实际编程时用标号代替此指令。

* bit：位地址，可以是内部 RAM 中所有的可寻址位。

- rel：用于相对转移指令中，为 8 位二进制补码，表示偏移量为 –128～+127 字节。实际编程时用标号代替此指令。
  - #data：8 位立即数。"#"为立即数的标志。
  - #data16：16 位立即数。
  - /：位操作数取反操作的前缀，如"/bit"。
  - (X)：X 中的内容。
  - ((X))：由 X 间接寻址的单元中的内容。
  - ←：将箭头右边的内容送到箭头所指的单元。

2.3.5　MCS-51 单片机指令系统的分类

MCS-51 单片机的指令系统共有 111 条指令，按功能分为五大类：数据传送类指令、算术运算类指令、逻辑运算类指令、位操作类指令、控制程序转移类指令。

1. 数据传送类指令

MSC-51 单片机的数据传送类指令如表 2-4 所示。

表 2-4　MCS-51 单片机数据传送指令

汇编指令	操作说明	机器代码	对标志位的影响				指令周期
			P	OV	AC	CY	
MOV　direct，#data	direct←data	75 direct data					2
MOV　direct，direct2	direct1←(direct2)	85 direct1 direct2					2
MOV　direct，Rn	direct←(Rn)	88～8F direct					2
MOV　direct，A	direct←(A)	F5 direct					1
MOV　direct，@Ri	direct←((Ri))	86，87 direct					2
MOV　A，#data	A←data	74 data	√				1
MOV　A，direct	A←(direct)	E5 direct	√				1
MOV　A，Rn	A←(Rn)	E8～EF	√				1
MOV　A，@Ri	A←((Ri))	E6，E7	√				1
MOV　Rn，#data	Rn←data	78～7F data					1
MOV　Rn，direct	Rn←(direct)	A8～AF direct					2
MOV　Rn，A	Rn←(A)	F8～FF					1
MOV　@Ri，#data	(Ri)←data	76，77 data					1
MOV　@Ri，direct	(Ri)←(direct)	A6，A7 direct					2
MOV　@Ri，A	(Ri)←(A)	F6，F7					1
MOV　DPTR，# data 16	DPTR←data 16	90 data15～8 data7～0					2

续表

汇编指令	操作说明	机器代码	对标志位的影响				指令周期
			P	OV	AC	CY	
PUSH　direct	sp←(sp) + 1， (sp)←(direct)	C0　direct					2
POP　　direct	direct←((sp))， sp←(sp) − 1	D0　direct					2
XCH　　A，Rn	(A)←→(Rn)	C8～CF	√				1
XCH　　A，direct	(A)←→(direct)	C5　direct	√				1
XCH　　A，@Ri	(A)←→(Ri)	C6，C7	√				1
XCHD　A，@Ri	$(A)_{3\sim0}$ ←→ $(Ri)_{3\sim0}$	D6，D7	√				1
SWAP　A	$(A)_{7\sim4}$ ←→ $(A)_{3\sim0}$	C4					1
MOVX　A，@Ri	A←((Ri))	E2，E3	√				2
MOVX　A，@DPTR	A←((DPTR))	E0	√				2
MOVX　@Ri，A	(Ri)←(A)	F2，F3					2
MOVX　@DPTR，A	(DPTR)←(A)	F0					2
MOVC　A，@A+DPTR	A←((A) + (PC))	93	√				2
MOVC　A，@A+PC	A←((A) + (DPTR))	83	√				2

表 2-4 中：

(1) MOV 指令。

　　MOV　目的操作数，源操作数

该指令的功能是把源操作数所表示的数据传送到目的操作数指定的单元中，指令执行之后源操作数不发生改变。

(2) PUSH、POP 指令为堆栈操作指令。PUSH 为入栈指令；POP 为出栈指令。

(3) XCH 为字节交换指令，该指令的功能是将累加器 A 中的值与另一个操作数指示的数据互换位置。

(4) XCHD 为半字节交换指令，该指令的功能是将累加器 A 中内容与源操作数的低 4 位互换，而高 4 位不变。

(5) SWAP 指令的功能是将累加器 A 中的高 4 位与低 4 位互换。

(6) MOVX 指令的功能是实现片外 RAM(或扩展 I/O)与累加器 A 之间的数据传送。注意：片外 RAM 只能采用寄存器间接寻址的方式访问。

(7) MOVC 指令的功能是从程序存储器中读取数据并送入累加器 A，该指令可以访问片内 ROM，也可以访问片外 ROM。

2. 算术运算类指令

MCS-51 单片机的算术运算类指令如表 2-5 所示。

表 2-5　MCS-51 单片机的算术运算类指令

汇编指令	操作说明	机器代码	对标志位的影响				指令周期
			P	OV	AC	CY	
ADD　A，#data	A←(A)+data	24 data	√	√	√	√	1
ADD　A，direct	A←(A)+(direct)	25 direct	√	√	√	√	1
ADD　A，Rn	A←(A)+(Rn)	28～2F	√	√	√	√	1
ADD　A，@Ri	A←(A)+((Ri))	26，27	√	√	√	√	1
ADDC　A，#data	A←(A)+DATA+(CY)	34 data	√	√	√	√	1
ADDC　A，direct	A←(A)+(direct)+(CY)	35 direct	√	√	√	√	1
ADDC　A，Rn	A←(A)+(Rn)+(CY)	38～3F	√	√	√	√	1
ADDC　A，@Ri	A←(A)+((Ri))+(CY)	36，37	√	√	√	√	1
INC　direct	direct←(direct)+1	05 direct					1
INC　A	A←(A)+1	04	√				1
INC　Rn	Rn←(Rn)+1	08～0F					1
INC　@Ri	(Ri)←((Ri))+1	06，07					1
INC　DPTR	DPTR←(DPTR)+1	A3					2
SUBB　A，#data	A←(A)−data−(CY)	94 data	√	√	√	√	1
SUBB　A，direct	A←(A)−(direct)−(CY)	95 direct	√	√	√	√	1
SUBB　A，Rn	A←(A)−(Rn)−(CY)	98～9F	√	√	√	√	1
SUBB　A，@Ri	A←(A)−((Ri))−(CY)	96，97	√	√	√	√	1
DEC　direct	direct←(direct)−1	15 direct					1
DEC　A	A←(A)−1	14	√				1
DEC　Rn	Rn←(Rn)−1	18～1F					1
DEC　@Ri	(Ri)←((Ri))−1	16，17					1
MUL　AB	BA←(A)×(B)	A4	√	√			4
DIV　AB	A←(A)/(B)的商，B←(A)/(B)的余数	84	√	√			4
DA　A	对 A 中 BCD 码的十进制加法运算结果进行调整	D4	√	√	√	√	1

表 2-5 中：

(1) ADD 为加法指令，功能是将源操作数与累加器 A 中的内容相加，结果存储在累加器 A 中。该操作不改变源操作数，但影响 PSW 中的 CY、AC、OV、P，影响如下：

* 若最高位有进位，则 CY 置 1，否则清 0；

- 若低 4 位向高 4 位有进位，则 AC 置 1，否则清 0；
- 若第 6 位有进位而第 7 位无进位或第 6 位无进位而第 7 位有进位，则 OV 置 1，否则清 0。

(2) ADDC 为带进位加法指令，功能是将源操作数、累加器 A 的内容、进位标志 CY 的值三者相加，结果存储在累加器 A 中。该指令对标志位的影响与 ADD 指令的相同。

(3) INC 为增量指令，功能是将操作数指示的数据加 1，结果仍然存储在该操作数指示的单元中。该组指令除"INC A"指令影响 P 标志位外，不影响任何标志位。

(4) SUBB 为带进位减法指令，功能为用累加器 A 中的数据减去源操作数，再减去进位 CY，差存储在累加器 A 中，该组指令影响 PSW 中的 CY、AC、OV、P。

(5) DEC 为减量指令，功能是将操作数减 1，结果仍然存储在该操作数指示的单元中。

(6) MUL 为乘法指令，功能是将累加器 A 与寄存器 B 中的两个 8 位无符号数相乘，所得 16 位乘积存储在 BA 寄存器对中。

(7) DIV 为除法指令，功能是用累加器 A 中的数据除以寄存器 B 中的数据，运算后，商存于累加器 A 中，余数存于寄存器 B 中。注意，除数与被除数都为无符号数。

(8) DA 为十进制调整指令，功能是对累加器 A 中由上一条加法指令(加数和被加数均为压缩 BCD 码)所获得的结果进行调整。该指令需紧跟在 ADD 或 ADDC 指令后使用。

3. 逻辑运算类指令

MCS-51 单片机的逻辑运算类指令如表 2-6 所示。

表 2-6　MCS-51 单片机的逻辑运算类指令

汇编指令	操作说明	机器代码	对标志位的影响				指令周期
			P	OV	AC	CY	
ANL　A，#data	A←(A)∧data	54 data	√				1
ANL　A，direct	A←(A)∧(direct)	55 direct	√				1
ANL　A，Rn	A←(A)∧(Rn)	58～5F	√				1
ANL　A，@Ri	A←(A)∧((Ri))	56, 57	√				1
ANL　direct，#data	direct←(direct)∧ data	53 direct　data					2
AN L　direct，A	direct←(direct)∧(A)	52 direct					1
ORL　A，#data	A←(A)∨data	44 data	√				1
ORL　A，direct	A←(A)∨(direct)	45 direct	√				1
ORL　A，Rn	A←(A)∨(Rn)	48～4F	√				1
ORL　A，@Ri	A←(A)∨((Ri))	46, 47	√				1
ORL　direc，#data	direct←(direct)∨ data	43 direct　data					2
ORL　direct，A	direct←(direct)∨(A)	42 direct					1
XRL　A，#data	A←(A)⊕data	64 data	√				1

续表

汇编指令	操作说明	机器代码	对标志位的影响				指令周期
			P	OV	AC	CY	
XRL　A，direct	A←(A) ⊕ (direct)	65 direct	√				1
XRL　A，Rn	A←(A) ⊕ (Rn)	68~6F	√				1
XRL　A，@Ri	A←(A) ⊕ ((Ri))	66，67	√				1
XRL　direct，#data	direct←(direct) ⊕ data	63 direct　data					2
XRL　direct，A	direct←(direct) ⊕ (A)	62 direct					1
CLR　A	A←0	E4	√				1
CPL　A	A← $\overline{(A)}$	F4					1
RL　A	 A7　　　　　A0	23					1
RR　A	 A7　　　　　A0	03					1
RLC　A	 CY　A7　　　A0	33	√			√	1
RRC　A	 CY　A7　　　A0	13	√			√	1

表 2-6 中：

(1) ANL 为逻辑与运算法指令，功能是将指令中的两个操作数指示的数据按位与运算，运算结果存储在第一个操作数指示的单元中。

(2) ORL 为逻辑或运算法指令，功能是将指令中的两个操作数指示的数据按位或运算，运算结果存储在第一个操作数指示的单元中。

(3) XRL 为逻辑异或运算法指令，功能是将指令中的两个操作数指示的数据按位异或运算，运算结果存储在第一个操作数指示的单元中。

(4) CLR、CPL 为累加器 A 的清零、取反指令。

(5) RL、RR、RLC、RRC 为循环移位指令。

4. 位操作类指令

MCS-51 单片机的位操作类指令如表 2-7 所示。

表 2-7　MCS-51 单片机的位操作类指令

汇编指令	操作说明	机器代码	对标志位的影响				指令周期
			P	OV	AC	CY	
MOV　C，bit	CY←(bit)	A2 bit				√	1
MOV　bit，C	bit←(CY)	92 bit					2
CLR　C	CY←0	C3				0	1
CLR　bit	bit←0	C2 bit					1
SETB　C	CY←1	D3				1	1
SETB　bit	bit←1	D2 bit					1
CPL　C	CY←$\overline{CY}$	B3				√	1
CPL　bit	bit←($\overline{bit}$)	B2 bit					1
ANL　C，bit	CY←(CY)∧(bit)	82 bit				√	2
ANL　C，/bit	CY←(CY)∧($\overline{bit}$)	B0 bit				√	2
ORL　C，bit	CY←(CY)∨(bit)	72 bit				√	2
ORL　C，/bit	CY←(CY)∨($\overline{bit}$)	A0 bit				√	2

表 2-7 中：

(1) MOV 为位传送指令，功能为将源操作数的值(可能为 1 或 0)传送至目的操作数中。

(2) SETB、CLR、CPL 分别为置位、清 0、取反指令，功能是将操作数的值置为 1、0 或者取反。

(3) ANL、ORL 为位逻辑运算指令。

5. 控制程序转移类指令

MCS-51 单片机的控制程序转移类指令如表 2-8 所示。

表 2-8　MCS-51 单片机的控制程序转移类指令

汇编指令	操作说明	机器代码	对标志位的影响				指令周期
			P	OV	AC	CY	
LJMP　addr16	PC←addr16	02 $a_{15\sim8}$ $a_{7\sim0}$					2
AJMP　addr11	PC←PC+2，PC$_{15\sim11}$ 不变，PC$_{10\sim0}$←addr$_{10\sim0}$	$a_{10\sim8}$00001 $a_{7\sim0}$					2
SJMP　rel	PC←PC+2，PC←PC+rel	80 rel					2
JMP　@A+DPTR	PC←(A)+(DPTR)	73					2
JZ　rel	若(A)≠0，则 PC←(PC)+2；若(A)=0，则 PC←(PC)+2+rel	60 rel					2
JNZ　rel	若(A)=0，则 PC←(PC)+2；若(A)≠0，则 PC←(PC)+2+rel	70 rel					2
JC　rel	若 CY=0，则 PC←(PC)+2；若 CY=1，则 PC←(PC)+2+rel	40 rel					2

续表一

汇编指令	操作说明	机器代码	对标志位的影响				指令周期
			P	OV	AC	CY	
JNC　rel	若 CY = 0，则 PC←(PC) + 2 + rel； 若 CY = 1，则 PC←(PC) + 2	50 rel					2
JB　bit，rel	若(bit)=0，则 PC←(PC) + 3； 若(bit)=1，则 PC←(PC) + 3 + rel	20 bit rel					2
JNB　bit，rel	若(bit)=0，则 PC←(PC) + 3 + rel； 若(bit)=1，则 PC←(PC) + 3	30 bit rel					2
JBC　bit，rel	若(bit)=0，则 PC←(PC) + 3； 若(bit) = 1，则 PC←(PC) + 3 + rel 且 (bit)←0	10 bit rel					2
CJNE A，#data，rel	若(A)=data，则 PC←(PC) + 3，CY←0； 若(A) > data，则 PC←(PC) + 3 + rel，且 CY←0； 若(A) < data，则 PC←(PC) + 3 + rel，且 CY←1	B4 data rel				√	2
CJNE A，direct，rel	若(A) = (direct)，则 PC←(PC) + 3，且 CY←0； 若(A) > (direct)，则 PC←(PC) + 3 + rel， 且 CY←0； 若(A) < (direct)，则 PC←(PC) + 3 + rel， 且 CY←1	B5 direct rel				√	2
CJNE Rn，#data，rel	若(Rn)=data，则 PC←(PC) + 3，CY←0； 若(Rn) > data，则 PC←(PC) + 3 + rel，且 CY←0； 若(Rn) < data，则 PC←(PC) + 3 + rel，且 CY←1	B8～BF data rel				√	2
CJNE @Ri，#data，rel	若((Ri))=data，则 PC←(PC) + 3，CY←0； 若((Ri)) > data，则 PC←(PC) + 3 + rel， CY←0； 若((Ri)) < data，则 PC←(PC) + 3 + rel， CY←1	B6,B7 data rel				√	2
DJNZ　Rn，rel	Rn←(Rn) − 1： 若(Rn) ≠ 0，则 PC←(PC) + 2 + rel； 若(Rn)=0，则 PC←(PC) + 2	D8～DF rel					2
DJNZ　direct，rel	direct←(direct) − 1： 若(direct) ≠ 0，则 PC←(PC) + 3 + rel； 若(direct) = 0，则 PC←(PC) + 3	D5 direct rel					2
LCALL addr16	PC←(PC) + 3， SP←(SP) + 1，(SP)←(PC)$_{7\sim0}$； SP←(SP) + 1，(SP)←(PC)$_{15\sim8}$； PC←addr16	12 a$_{15\sim8}$ a$_{7\sim0}$					2

续表二

汇编指令	操作说明	机器代码	对标志位的影响				指令周期
			P	OV	AC	CY	
ACALL addr11	$PC \leftarrow (PC)+2$, $SP \leftarrow (SP)+1$, $(SP) \leftarrow (PC)_{7\sim0}$; $SP \leftarrow (SP)+1$, $(SP) \leftarrow (PC)_{15\sim8}$; $PC_{15\sim11}$ 不变, $PC_{10\sim0} \leftarrow addr_{10\sim0}$	$a_{10\sim8}10001\,a_{7\sim0}$					2
RET	$PC_{15\sim8} \leftarrow ((sp))$, $SP \leftarrow (SP)-1$; $PC_{7\sim0} \leftarrow ((SP))$, $SP \leftarrow (SP)-1$	22					2
RETI	$PC_{15\sim8} \leftarrow ((sp))$, $SP \leftarrow (SP)-1$; $PC_{7\sim0} \leftarrow ((SP))$, $SP \leftarrow (SP)-1$; 从中断返回	32					2
NOP	$PC \leftarrow (PC)+1$	00					1

表 2-8 中：

(1) LJMP、AJMP、SJMP、JMP 为无条件转移指令，指令中的操作数即为转移的目标。

(2) JZ、JNZ 指令为条件转移指令，转移的条件为累加器的值是否为 0。

(3) JC、JNC 指令为条件转移指令，转移的条件为标志位 CY 的值是为 0 还是为 1。

(4) JB、JNB、JBC 指令为条件转移指令，转移的条件为 bit 位的值 0 还是为 1。

(5) CJNE 为比较不相等转移指令，指令的功能是将第 1、第 2 操作数的值(无符号数据)进行比较，若不相同则转移(转移的目标由第 3 操作数指示)，若相同则顺序执行。

(6) DJNZ 为减 1 不为 0 转移指令，指令的功能是先将第 1 操作数的值减 1，之后判断结果是否为 0，若不为 0 则转移(转移的目标由第 2 操作数指示)，若为 0 则顺序执行。

(7) LCALL、ACALL 指令为子程序调用指令，RET 为子程序返回指令，RETI 为中断返回指令。

(8) NOP 是空操作指令。

2.3.6　汇编伪指令

在汇编语言程序中，除了可执行的指令外，为方便程序的编写，还定义了一些伪指令。伪指令是在机器汇编中告诉汇编程序如何汇编、对汇编过程进行控制的命令。它不产生任何指令代码，因此也称为不可执行指令。常见的伪指令有下面几种。

1. 汇编起始地址伪指令 ORG(Origin)

格式：ORG　addr16

功能：规定目标程序段的起始地址。ORG 后面的 16 位地址表示此语句后的程序或数据块在程序存储器中的起始地址。

例如：

　　　　　ORG　1000H

　　START: MOV　A，＃32H

上述指令说明：START 表示的地址为 1000H，MOV 指令从 1000H 存储单元开始存放数据。

2. 字节定义伪指令 DB(Define Byte)

格式：[标号：]　DB　data1，data2，data3，…，dataN

功能：从指定的地址单元开始，存入规定好的 8 位数据表。

例如：

```
        ORG   1000H
TAB1: DB  01H，04H，09H，10H
```

以上伪指令汇编后从 1000H 单元开始存放 4 个字节的数据平方表：(1000H) = 01H，(1001H) = 04H，(1002H) = 09H，(1003H) = 10H。

3. 字定义伪指令 DW(Define word)

格式：[标号：]　DW　data1，data2，…，dataN

功能：从指定的地址单元开始，存入规定好的 16 位数据表。每个数据(16 位)占用两个存储单元，其中高 8 位存入小地址单元，低 8 位存入大地址单元。常用于定义一个地址表。

例如：

```
        ORG   1000H
TAB2: DW   1067H，765AH
```

汇编后：(1000H) = 10H，(1001H) = 67H，(1002H) = 76H，(1003H) = 5AH。

4. 存储区定义伪指令 DS(Define Storage)

格式：[标号：]　DS　X

功能：从指定的地址单元开始，预留 X 字节单元作为备用。

例如：

```
        ORG   2000H
        DS   07H
L2: MOV    A，#00H
```

汇编后，从 2000H 开始保留 7 个字节单元，从而 MOV 指令的地址为 2007H。

注意：DB、DW、DS 伪指令只能对程序存储器进行赋值和初始化工作，不能用来对数据存储器进行赋值和初始化工作。

5. 赋值伪指令 EQU(Equate)

格式：字符名　EQU　数或汇编符号

功能：将右边的值赋给左边用户定义的字符。赋值后，字符在整个程序内有效，该伪指令一般放在程序的开始段。

例如：

```
TEMP  EQU  R0
X       EQU  16
```

第一条伪指令将 TEMP 等值为汇编符号 R0，此后的指令中 TEMP 可以代替 R0 来使用。第二条指令表示指令中可以用 X 代替 16 来使用。注意使用 EQU 命令时必须先赋值后使用，字符名不能和汇编语言的关键字同名，如不能使用 A、MOV、B 等。

6. 位地址定义伪指令 BIT

格式：字符名　BIT　位地址

功能：将位地址赋予所定义的字符名。

7. 汇编结束伪指令 END

格式：END

功能：表示汇编语言源程序到此结束。

2.4　MCS-51 单片机的并行接口

单片机内外之间的信息交换是通过接口实现的。MCS-51 共有 4 个 8 位的并行 I/O 口，分别是：P_0、P_1、P_2、P_3；共有 32 根 I/O 线，它们都是双向通道，每一条 I/O 线都能独立地用作输入或输出。P_0、P_1、P_2、P_3 的内部结构分别如图 2-6、图 2-7、图 2-8、图 2-9 所示。

1. 并行接口的结构

(1) P_0 口。P_0 口的结构见图 2-6。P_0 口是功能最强的口，即可作为一般的 I/O 口使用，也可作为单片机外部数据线、低 8 位地址线使用。当 P_0 口作为一般的 I/O 口输出时，由于端口各口线的输出电路是漏极开路电路，因此必须外接上拉电阻才能有高电平输出。当 P_0 口作为一般的 I/O 口输入时，必须使电路中的锁存器写入高电平"1"，使场效应管 FET 截止、引脚处于"浮空"状态，才能做到高阻输入，以保证输入正确的数据。

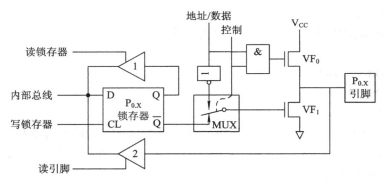

图 2-6　P_0 的内部结构

(2) P_1 口。P_1 口的结构见图 2-7。P_1 口通常作为通用 I/O 口使用。作为输出口时，由于 P_1 电路内部已经带有上拉电阻，因此无需外接上拉电阻；作为输入口时，也需先向锁存器写入"1"。

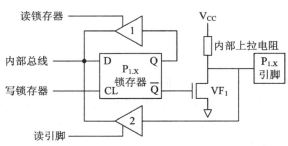

图 2-7　P_1 的内部结构

(3) P_2 口。P_2 口的结构见图 2-8。P_2 口既可作为通用 I/O 口使用，也可作为单片机外部的高 8 位地址线使用。

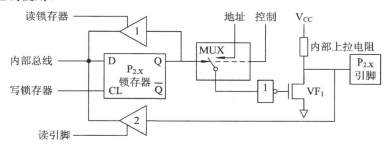

图 2-8　P_2 的内部结构

(4) P_3 口。P_3 口的结构见图 2-9。P_3 口既可作为通用 I/O 口使用，也可作为第二功能按需要来使用，见表 2-9。

表 2-9　P_3 口引脚的第二功能

口线	第二功能	信 号 名 称
$P_{3.0}$	RXD	串行数据接收
$P_{3.1}$	TXD	串行数据发送
$P_{3.2}$	$\overline{INT_0}$	外部中断 0 的请求信号输入
$P_{3.3}$	$\overline{INT_1}$	外部中断 1 的请求信号输入
$P_{3.4}$	T_0	定时器/计数器 0 的计数输入
$P_{3.5}$	T_1	定时器/计数器 1 的计数输入
$P_{3.6}$	$\overline{WR}$	外部 RAM 的写选通
$P_{3.7}$	$\overline{RD}$	外部 RAM 的读选通

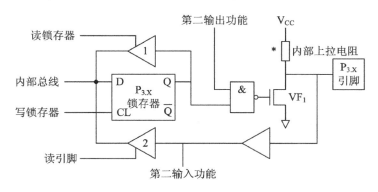

图 2-9　P_3 的内部结构

2．并行接口的应用特性

(1) P_0、P_1、P_2、P_3 作为通用双向 I/O 口使用时，输入操作是读引脚状态；输出操作是对口的锁存器的写入进行操作，锁存器的状态立即反映到引脚上。

(2) P_1、P_2、P_3 作为输出口时，由于电路内部带有上拉电阻，因此无需外接上拉电阻。

(3) P_0、P_1、P_2、P_3 作为通用的输入口时，必须使电路中的锁存器写入高电平"1"，使场效应管(FET)VF_1 截止，以避免锁存器输出为"0"时场效应管 VF_1 的导通会使引脚状态始终被钳位在"0"状态。

(4) I/O 口功能的自动识别。无论是 P_0、P_2 口的总线复用功能，还是 P_3 口的第二复用功能，单片机都会自动选择，不需要用户通过指令选择。

(5) I/O 口的驱动特性。P_0 口的每一个 I/O 口可驱动 8 个 LSTTL 输入，而 P_1、P_2、P_3 口的每一个 I/O 口只可驱动 4 个 LSTTL 输入。在使用时应注意口的驱动能力。

3. 并行接口的使用

在 MCS-51 单片机中，没有专门的输入/输出指令，而是将 I/O 接口与存储器一样看待，即使用访问存储器的指令来实现 I/O 接口的输入/输出功能。当向 I/O 口写入数据时，即通过相应引脚向外输出，而当从 I/O 口读入数据时，则将通过引脚将外部设备的状态信号输入到单片机内。

4 个 I/O 口都可以进行位寻址，即可通过位操作指令实现一位口线的输入/输出。为了使用方便，用 P_m 表示某一个并行口，$P_{m.n}$ 表示 m 口的第 n 位口线。

1) 输出数据

(1) 使用 MOV 指令输出字节数据，这是常用的输出方法，例如：

```
MOV   Pm, #data
MOV   Pm, A
```

(2) 使用位操作指令输出各位数据。外部设备的输入/输出线往往只有一根，此时使用位操作指令更方便。例如：

```
MOV   Pm.n, C
SETB  Pm.n
CLR   Pm.n
```

(3) 使用读—修改—写指令改变输出数据。有时控制系统的前后输出是有联系的，下一个输出必须根据前一个输出决定，此时需要使用读—修改—写指令，例如：

```
ANL   Pm, #data
ORL   Pm, A
CPL   Pm.n
```

2) 输入数据

执行对端口进行读操作的指令时，可以从相应的口线上将外部设备的状态信息输入至单片机中。例如：

(1) 字节数据输入

```
MOV   Pm, #0FFH
MOV   A, Pm
```

该程序段执行后将从 P_m 端口中输入一个 8 位数据，送至 A 中存放。

(2) 位数据输入

```
SETB  Pm.n
MOV   C, Pm.n
```

该程序段执行后将从 P_m 端口的第 n 位口线上输入一位信息，并送至 C 中存放。

4．并行接口的应用实例

1）并行接口控制七段 LED 显示器

图 2-10 为七段 LED 显示器，它由 8 个发光二极管构成各字段，内部结构有共阴极与共阳极两种。

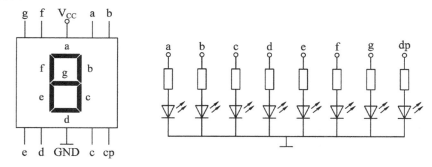

(a) 引脚逻辑示意图 　　　　　 (b) 共阴极结构：

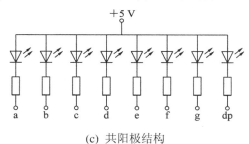

(c) 共阳极结构

图 2-10　七段 LED 显示器

例 1　用 8051 控制共阳极七段 LED 显示器循环显示 0～9 十个数字，电路见图 2-11。

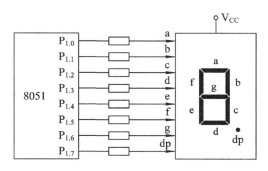

图 2-11　共阳极七段 LED 显示器的控制电路

程序如下：

```
        ORG     0000H
                LJMP        MAIN
        ORG     0100H
        TAB:    DB  0C0H, 0F9H, 0A4H, 0B0H, 99H        ; 0～9 显示码
```

```
              DB      92H，82H，0F8H，80H，90H
    MAIN:     MOV     R0，#0
              MOV     DPTR，#TAB
    LOOP:     MOV     A，R0
              MOVC    A，@A+DPTR              ；查表取显示码
              MOV     P1，A                  ；输出显示
              LCALL   DELAY                  ；定时
              INC     R0
              CJNE    R0，#10，LOOP
              LJMP    MAIN
    DELAY:    MOV     R2，#0C8H               ；定时子程序
    LOOP1:    MOV     R3，#0FAH
              DJNZ    R3，$
              DJNZ    R2，LOOP1
              RET
              END
```

2) 并行接口驱动步进电机

步进电机因其转动角度与转速可精确控制而广泛应用于数字电路，特别是在计算机控制系统中作为执行机构，直接由计算机的数字信号驱动以实现精确控制。

以三相步进电机为例，步进电机的控制包括以下三个方面。

(1) 方向控制。给步进电机的三个励磁绕组 A、B、C 按照不同的顺序通电、断电，则可实现步进电机的正转或反转。

步进电机驱动方式通常有三种：

① 三相单三拍方式：A→B→C。

其中，"三相"指 A、B、C 三个绕组，"单"指每次只有一相绕组通电，"拍"指从一种通电状态转到另一种通电状态。

② 三相双三拍方式：AB→BC→CA。

③ 三相六拍方式：A→AB→B→BC→C→CA。

假设按以上顺序通电，步进电机正转；若按相反方向通电，则步进电机反转。

例如用单片机的 $P_{1.0}$、$P_{1.1}$、$P_{1.2}$ 分别控制步进电机的 A、B、C 相绕组(见图 2-12)，则各种驱动方式下的控制代码见表 2-10～表 2-12。

表 2-10　三相单三拍控制代码

节　　拍		通电绕组	控　制　代　码	
正　转	反　转		二　进　制	十　六　进　制
1	3	A	00000001B	01H
2	2	B	00000010B	02H
3	1	C	00000100B	04H

表 2-11　三相双三拍控制代码

节　拍		通电绕组	控　制　代　码	
正　转	反　转		二　进　制	十 六 进 制
1	3	AB	00000011B	03H
2	2	BC	00000110B	06H
3	1	CA	00000101B	05H

表 2-12　三相六拍控制代码

节　拍		通电绕组	控　制　代　码	
正　转	反　转		二　进　制	十 六 进 制
1	6	A	00000001	01H
2	5	AB	00000011	03H
3	4	B	00000010	02H
4	3	BC	00000110	06H
5	2	C	00000100	04H
6	1	CA	00000101	05H

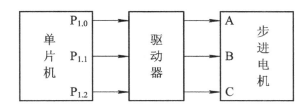

图 2-12　单片机控制三相步进电机的硬件电路

(2) 角度控制。步进电机每一拍前进一步,对应一个脉冲。通过控制通电脉冲数可精确控制电机转过的角度。

(3) 速度控制。步进电机的运转速度由输入到 A、B、C 三相绕组脉冲的频率控制。

例 2　编程控制步进电机,控制电路见图 2-12。对步进电机的要求如下:

① 步进电机以三相六拍方式工作。

② 步进电机转动的总步数存储在内部 RAM 的 0FFH 单元中。

③ 转向标志存放在程序状态寄存器用户标志位 F_0(D5H)中,当 F_0 为 "0" 时,步进机正转,反之步进机反转。

④ 步进电机工作脉冲的频率为 100 Hz。

⑤ 系统晶振频率 f_{osc} 为 12 MHz。

解　步进电机的控制流程如图 2-13 所示。

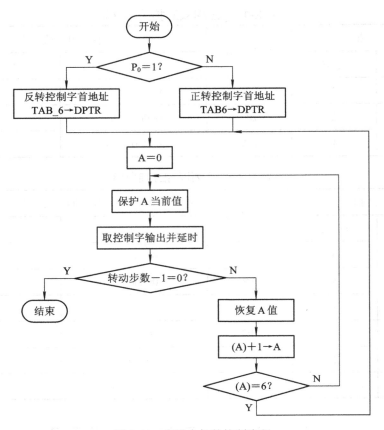

图 2-13　步进电机的控制流程

程序清单如下：

```
ORG 0000H
    LJMP  MAIN
ORG      0100H
TAB6:   DB  01H，03H，02H，06H，04H，05H    ；正转控制代码
TAB_6:  DB  05H，04H，06H，02H，03H，01H    ；反转控制代码
DELAY:  MOV    R0，#100                    ；延时 0.01 s
D_1:    MOV    R1，#48
        NOP
        DJNZ   R1，$
        DJNZ   R0，D_1
        RET
MAIN:   JNB    F0，CLW                     ；判断转向
        MOV    DPTR，#TAB_6                ；设置反转控制代码首地址
        LJMP   CON
CLW:    MOV    DPTR，#TAB6                 ；设置正转控制代码首地址
CON:    MOV    A，#0                       ；设置控制代码偏移量
```

```
LOOP:     PUSH     ACC                           ; 保护控制代码偏移量
          MOVC     A，@A+DPTR                     ; 取控制代码
          MOV      P1，A                          ; 输出控制代码
          LCALL    DELAY                         ; 延时 0.01 s
          DJNZ     0FFH，NEXT                     ; 判断转动步数是否达到要求
          LJMP     FINISH                        ; 控制完成
NEXT:     POP      ACC                           ; 取控制代码偏移量
          INC      A                             ; 偏移量加 1
          CJNE     A，#6，LOOP                    ; 偏移量=6？不等则继续
          LJMP     CON                           ; 偏移量=6 时开始新一次循环
FINISH:   NOP                                    ; 程序结束
          END
```

2.5　中　断

中断是日常生活中常见的现象。如你正在看书，突然电话铃响了，你首先会看完这一句并在书上做个标记，再放下书本去接电话，和来电话的人交谈完毕之后，放下电话，回来接着从做标记处继续看书。这就是生活中的"中断"现象，即正常的工作过程被外部的事件打断了。

仔细研究一下生活中的中断，我们发现要实现中断需满足以下几点：

第一，需要有能够引起中断处理的事件，即中断源。如：门铃响了，闹钟叫了，你烧的水开了……，等等诸如此类的事件。

第二，对中断事件的紧急状态进行判断。设想一下，你正在看书，有客来访，同时电话又响了，你该怎么办呢？如果你在等一个重要的客人，你可能会先会见访客；如果你在等一个重要的电话，你一般会让访客稍等。这里涉及一个优先级的问题。优先级的问题不仅仅发生在两个中断同时产生的情况。也发生在一个中断已正在处理，又有一个中断产生的情况。若你正在接待访客时，电话又响了，你又该怎么办？

第三，中断的响应与处理。当有事件发生(如电话响了，访客来访)时，进行处理之前你需要记住书看到第几页第几行了，并做一下标记，然后再去处理不同的事情(因为处理完了，我们还要回来继续看书)。而且，电话铃响我们要到放电话的地方去，门铃响我们要到门那边去。也就是说不同的中断，我们要在不同的地点处理，而这个地点通常是固定的。

单片机中的中断过程也是如此。一个完整的中断过程包括以下几个步骤：

(1) 由中断源提出中断申请。MCS-51 单片机中一共有 5 个事件可引起 CPU 中断处理。

(2) 中断判优。当几个中断源同时向 CPU 提出请求时，CPU 通常根据中断源的轻重缓急进行排队，优先处理最紧急的中断请求源，暂时不被响应的中断请求则被挂起。MCS-51 单片机的中断事件可以编程设置为两个优先级别，即同时可以实现两级中断嵌套。中断嵌套即为当 CPU 正在处理一个中断请求的时候，又发生了另一个优先级更高的中断请求，则 CPU 能够暂时中止原来的中断源的处理程序，而去处理优先级更高的中断请求；待处理完

毕后，再回到原来的低优先级中断处理程序，这个过程称为中断嵌套。

(3) 中断响应。当把最紧急的事件发送给 CPU 后，CPU 将自动保护断点(即保存下一条将要执行的指令的地址，通常是把这个地址送入堆栈)、寻找中断入口(5 个中断源的处理程序有各自不同的且固定的入口地址)并跳转到该位置。以上工作是由计算机自动完成的，与编程者无关，但要求编程者将中断处理程序放在入口地址处，如果没把中断程序放在那儿，中断程序就不能被执行。

(4) 执行中断处理程序。

(5) 中断返回。完成中断处理后，就从中断处返回到主程序断点，继续执行原来的程序。

MCS-51 单片机的中断系统结构如图 2-14 所示。

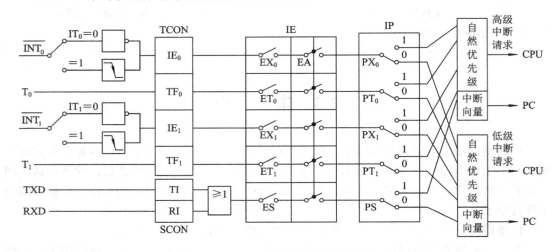

图 2-14　MCS-51 单片机的中断系统结构

MCS-51 单片机的中断系统有 5 个固定的可屏蔽中断源，3 个在片内，2 个在片外，它们在程序存储器中各有固定的中断入口地址，由此可进入中断服务程序；5 个中断源有两级中断优先级，每个中断源可编程设置为高优先级或低优先级，并可形成两级中断嵌套。

1. 中断源的请求标志与请求方式控制

MCS-51 单片机有 5 个中断源，各中断源的名称及产生的条件如下。

- $\overline{INT_0}$：外部中断 0，中断信号由 $\overline{INT_0}$ ($P_{3.2}$)引脚输入，由低电平或下降沿触发。
- $\overline{INT_1}$：外部中断 1，中断信号由 $\overline{INT_1}$ ($P_{3.3}$)引脚输入，由低电平或下降沿触发。
- T_0：定时器/计数器 T_0 中断，由加一计数器 T_0 计满回零触发。
- T_1：定时器/计数器 T_1 中断，由加一计数器 T_1 计满回零触发。
- TI/RI：串行 I/O 中断，由串行端口完成一帧字符发送/接收后触发。

单片机的 5 个中断源发出中断时产生的中断标志分别存放在定时控制寄存器 TCON 和串行口控制寄存器 SCON 的各位中。本节主要介绍外部中断源的控制与使用，与定时器中断及串行中断有关的内容将在接下来的两节中详述。

1) 定时器控制寄存器 TCON(88H)

位地址	8FH	8EH	8DH	8CH	8BH	8AH	89H	88H
位名称	TF_1	TR_1	TF_0	TR_0	IE_1	IT_1	IE_0	IT_0

- IE_0：外部中断 0 的中断申请标志位，由计算机根据情况自动置 1 或清 0。
- IT_0：外部中断 0 的触发方式控制位，可由软件进行置位和复位。

$IT_0=0$ 时，为低电平触发方式。当 CPU 在 $\overline{INT_0}$ 引脚上采样到有效的低电平信号(需至少持续一个机器周期)时，IE_0 自动置 1，并申请中断；当 CPU 在 $\overline{INT_0}$ 引脚采样到高电平信号时，IE_0 自动清 0，中断撤销。因此，采用电平触发方式时，$\overline{INT_0}$ 引脚上必须保持有效的低电平信号，直到该中断被 CPU 响应；在该中断服务程序执行完之前，必须撤销 $\overline{INT_0}$ 引脚上的低电平信号，否则会多次激活中断，导致计算机重复执行同样的中断程序。

$IT_0=1$ 时，为边沿触发方式。当 CPU 在相邻的两个机器周期内对 $\overline{INT_0}$ 引脚进行采样时，若前一次为高电平，后一次为低电平，则 IE_0 自动置 1，表示外部中断 0 提出中断申请；当该中断被 CPU 响应后，IE_0 自动清 0。采用边沿触发方式时，$\overline{INT_0}$ 引脚上的高电平与低电平的持续时间必须保持在一个机器周期以上，才能保证 CPU 能检测到由高到低的变化。

- IE_1：外部中断 1 的中断申请标志位，功能与 IE_0 的类似。
- IT_1：外部中断 1 的触发方式控制位，功能与 IT_0 的类似。

2) 中断允许寄存器 IE(0A8H)

位地址	0AFH	—	—	0ACH	0ABH	0AAH	0A9H	0A8H
位名称	EA	—	—	ES	ET_1	EX_1	ET_0	EX_0

- EA：中断允许总控制位。EA＝1，CPU 开放中断；EA＝0，CPU 屏蔽所有的中断请求。
- ES：串行中断允许位。ES＝1，允许串口中断；ES＝0，禁止串口中断。
- ET_1：定时/计数器 T_1 的中断允许位。ET_1＝1 时，允许 T_1 中断；ET_1＝0 时，禁止 T_1 中断。
- EX_1：外部中断 1 的中断允许位。EX_1＝1 时，允许外部中断 1 中断；EX_1＝0 时，禁止外部中断 1 中断。
- ET_0：定时/计数器 T_0 的中断允许位。ET_0＝1 时，允许 T_0 中断；ET_0＝0 时，禁止 T_0 中断。
- EX_0：外部中断 0 的中断允许位。EX_0＝1 时，允许外部中断 0 中断；EX_0＝0 时，禁止外部中断 0 中断。

2. 中断优先级控制

MCS-51 单片机的 5 个中断源的优先级别由中断优先级寄存器 IP 进行设定。中断优先级寄存器 IP(0B8H)的各位含义如下。

位地址	—	—	—	BCH	BBH	BAH	B9H	B8H
位名称	—	—	—	PS	PT_1	PX_1	PT_0	PX_0

- PS：串行中断的优先级设定位。PS＝1 时，串口为高级中断；PS＝0，串口为低级中断。
- PT_1：定时/计数器 T_1 的中断优先级设定位。PT_1＝1 时，T_1 为高级中断；PT_1＝0 时，T_1 为低级中断。

● PX_1：外部中断 1 的中断优先级设定位。$PX_1=1$ 时，外部中断 1 为高级中断；$PX_1=0$ 时，外部中断 1 为低级中断。

● PT_0：定时/计数器 T_0 的中断优先级设定位。$PT_0=1$ 时，T_0 为高级中断；$PT_0=0$ 时，T_0 为低级中断。

● PX_0：外部中断 0 的中断优先级设定位。$PX_0=1$ 时，外部中断 0 为高级中断；$PX_0=0$ 时，外部中断 0 为低级中断。

如果有多个中断源同时向 CPU 提出中断申请，则按照 IP 的设定，CPU 先响应高级中断，再响应低级中断；如有几个同优先级的中断源同时向 CPU 提出中断申请，则按照自然优先级的顺序进行响应。自然优先级的顺序为：外部中断 0(级别最高)→定时/计数器 T_0→外部中断 1→定时/计数器 T_1→串口中断(级别最低)。

3. 中断响应

MCS-51 单片机工作时，CPU 在每个机器周期中都会去查询一下各个中断标记，看它们是否是 "1"，如果是 1，就说明有中断请求了，之后按照优先级的顺序进行中断处理。但是当出现下列情况之一时，中断申请将被暂时封锁。

(1) CPU 正在处理一个同级或更高级别的中断请求。

(2) 现行的机器周期不是当前正在执行指令的最后一个周期，即要保证把当前的指令执行完才能响应中断。

(3) 若当前正在执行的指令是返回指令(RETI)或访问 IP、IE 寄存器的指令，则 CPU 执行该指令后至少再执行一条指令才响应中断。如果正在访问 IP、IE，则可能会开、关中断或改变中断的优先级，而中断返回指令则说明本次中断还没有处理完，所以都要等本指令处理结束再执行一条指令才可以响应中断。

中断响应的过程如下：

(1) CPU 响应中断时，首先设置优先级状态触发器，封锁同级中断与低级中断，同时中断标志位自动清 0，如边沿触发方式下的外部中断标志 IE_0、IE_1 和定时器溢出标志 TF_0、TF_1。但是串口的接收发送中断标志 TI、RI 只能由用户在中断程序中用指令清 0。电平触发方式下的外部中断标志 IE_0、IE_1 是根据 $\overline{INT_0}$、$\overline{INT_1}$ 引脚的电平变化而变化的，CPU 无法直接干预，因此需在引脚外加硬件(如 D 触发器)使其自动撤销外部中断。

(2) 将当前程序计数器 PC 的内容(即断点位置指令的地址)压入堆栈，然后将相应的中断入口地址送入 PC，使程序跳转到中断入口处继续执行。中断程序的入口地址如表 2-13 所示。

表 2-13 中断程序入口地址表

中 断 源	入口地址
外部中断 0	0003H
定时器/计数器 T_0	000BH
外部中断 1	0013H
定时器/计数器 T_1	001BH
串行口中断	0023H

4．中断处理

中断响应后，CPU 将转入中断处理程序继续工作。中断处理程序的流程图见图 2-15。

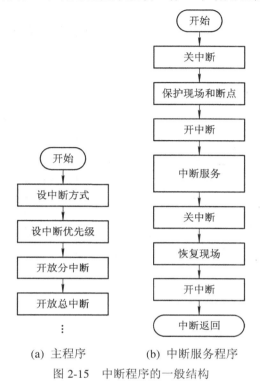

(a) 主程序　　　　(b) 中断服务程序

图 2-15　中断程序的一般结构

编写中断服务程序时应注意以下几点：

(1) 中断服务程序必须定位在该中断源对应的入口地址上，或者可以在中断入口地址单元内放入一条无条件转移指令使 CPU 跳转到中断服务程序处(此时中断服务程序可灵活地安排在 64 KB 的程序存储器的任意位置)。

(2) 在中断服务程序中，要注意使用软件保护现场，以免中断返回后，原寄存器、累加器中的信息已经丢失。

(3) 要在执行当前中断程序时禁止更高优先级中断，可以先用软件关闭 CPU 中断或禁止某中断源的中断，在中断返回前再开放中断。

5．中断返回

在中断服务程序的最后一行，应写上中断返回指令 RETI。执行该指令时，将首先清除优先级状态触发器，开放同级与低级中断，然后从堆栈中取出断点地址送给 PC，最终让 CPU 跳回到主程序断点位置继续运行。

6．中断举例

例 3　某汽车电子控制系统中，当冷却水温过高、过低或燃油液面高度过低、润滑油油压过低以及倒车时均要报警，其具体要求如下：

① 当水温过高时，应启动冷却风扇，点亮水温报警灯；

② 当水温过低时，风扇停转，水温报警灯熄灭；

③ 当燃油液面高度过低时，点亮燃油报警灯；

④ 当润滑油油压过低时，报警喇叭鸣叫，油压过低报警灯点亮，且该报警优先级最高；

⑤ 当倒车时，倒车指示灯点亮。

报警系统的硬件电路见图 2-16。其中，所有报警信号均为低电平有效。

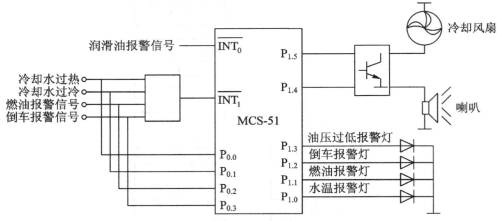

图 2-16　汽车电子控制报警系统

程序如下：

```
        ORG     0000H
        LJMP    MAIN
        ORG     0003H
        SETB    P1.3                    ; 油压过低报警
        SETB    P1.4
        RETI
        ORG     0013H
        LJMP    INT
        ORG     0100H                   ; 主程序
MAIN:   MOV     P1, #0                  ; 令所有报警灯熄灭
        CLR     IT0                     ; 中断初始化
        CLR     IT1
        MOV     IE, #10000101B
        SETB    PX0
                                        ; 省略电子控制系统的其他功能部分
INT:    MOV     P0, #0FFH               ; 输入脚锁存器置 1
        MOV     C, P0.3                 ; 倒车报警
        CPL     C
        MOV     P1.2, C
        MOV     C, P0.2                 ; 燃油报警
        CPL     C
        MOV     P1.1, C
```

```
        JNB      P0.0，TEM_HIGH          ；判断水温是否过高
        JNB      P0.1，TEM_LOW           ；判断水温是否过低
        RETI
TEM_HIGH：SETB  P1.0                      ；水温过高报警
        SETB     P1.5
        RETI
TEM_LOW：CLR    P1.0                      ；水温过低报警
        CLR      P1.5
        RETI
        END
```

2.6　定时/计数器

MCS-51 单片机的内部提供两个十六位的定时器/计数器 T_0 和 T_1，它们既可以用作硬件定时，也可以用来对外部脉冲计数。

1. 定时/计数器的结构及工作原理

MCS-51 单片机中的两个定时/计数器的结构功能类似，下面以 T_0 为例说明定时/计数器的结构及工作原理。T_0 的结构如图 2-17 所示。

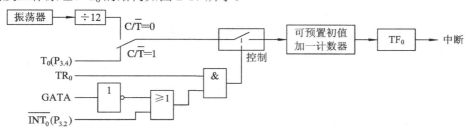

图 2-17　方式 0、方式 1 下定时/计数器 T_0 的结构示意图

定时/计数器 $T_0(T_1)$ 的核心部件为 16 位的、可预置初值的加 1 计数器，它实际上由两个独立的 RAM 单元 TH_0、$TL_0(TH_1$、$TL_1)$ 组成。工作之前，需由用户对其预置一个初值，工作时在脉冲触发下将会自动加 1 计数。当计数器加满溢出时，其值突变为 0，其溢出信号会使其中断标志位 $TF_0(TF_1)$ 置 1，从而向 CPU 提出中断申请。

注意：不同的工作方式下加 1 计数器的工作长度不同。

1) 计数功能

图中，当 C/$\overline{T}$ = 1 时，计数器与单片机的引脚 T_0 即 $P_{3.4}(T_1$ 即 $P_{3.5})$ 接通，计数器对 $T_0(T_1)$ 引脚输入的脉冲信号进行计数(下降沿触发)，即定时器/计数器以计数方式工作。

当工作在计数方式下时，CPU 在每个机器周期会检测一次输入引脚。为确保外来信号被检测到，要求输入脉冲的高、低电平状态各要维持一个机器周期以上的时间。

2) 定时功能

图中，当 C/$\overline{T}$ = 0 时，计数器的计数脉冲来自于单片机内部。每经过 1 个机器周期，

计数器加 1，这样就可以根据计数器中设置的初值计算出定时时间。

2．定时/计数器的控制

定时/计数器的功能以及工作方式是由 TCON 及 TMOD 控制的。

1）定时器的方式控制寄存器 TMOD(89H)

位名称	GATE	C/$\overline{T}$	M_1	M_0	GATE	C/$\overline{T}$	M_1	M_0
控制对象	定时/计数器 T_1				定时/计数器 T_0			

- GATE：门控位。GATE=0 时，只要用软件使 $TR_0=1(TR_1=1)$就可启动定时器，因此也称此种方式为软件启动；GATE=1 时，只有 $\overline{INT_0}$（$\overline{INT_1}$）引脚为高电平且 $TR_0=1(TR_1=1)$时，才能启动定时器，因此也称此方式为硬件启动。
- C/$\overline{T}$：定时/计数功能选择位。C/$\overline{T}$=0 时为定时功能，C/$\overline{T}$=1 时为计数功能。
- M_1、M_0：工作方式选择位。通过对 M_1、M_0 进行设定，可以有如表 2-14 所示的 4 种工作方式。

表 2-14 定时器的工作方式

M_1 M_0	工作方式	功 能 描 述
0 0	方式 0	13 位计数器(TL_0/TL_1 只用低 5 位)
0 1	方式 1	16 位计数器
1 0	方式 2	8 位计数器，自动装载初值(见图 2-18)
1 1	方式 3	定时器 T_0：分成两个 8 位计数器(见图 2-19)；定时器 T_1：对外部停止计数

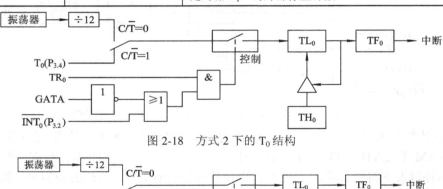

图 2-18 方式 2 下的 T_0 结构

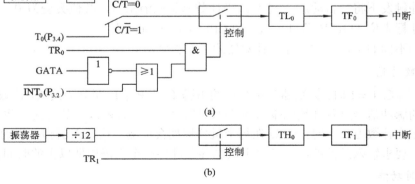

(a)

(b)

图 2-19 方式 3 下的 T_0 结构

在工作方式 2 下，$TL_0(TL_1)$ 为 8 位计数器，$TH_0(TH_1)$ 为预置寄存器。初始化时把计数初值分别装入 TL_0 和 TH_0；工作时 TL_0 加 1 计数，当其加满溢出时，标志位 TF_0 自动置 1，同时单片机自动将 TH_0 的内容加载到 TL_0 中，这样在下一轮工作中，就不必用软件人为地重新设置初值了。

方式 3 下，T_0 拆开成两个 8 位计数器 TL_0 与 TH_0。其中，TL_0 的功能控制与方式 0 或方式 1 的完全相同，既可以计数也可以定时。而 TH_0 此时要借用 T_1 的 TR_1 和 TF_1 控制位，且只能简单定时，不能对外部脉冲进行计数。

2) 定时器的控制寄存器 TCON(88H)

位地址	8FH	8EH	8DH	8CH	8BH	8AH	89H	88H
位名称	TF_1	TR_1	TF_0	TR_0	IE_1	IT_1	IE_0	IT_0

- TF_1：T_1 溢出中断标志位。当 T_1 加满溢出时，TF_1 自动置 1，并向 CPU 提出中断申请。当 CPU 响应该中断后，TF_1 自动清 0。TF_1 也可以由软件清 0。
- TR_1：T_1 运行控制位。当 GATE=0 且 TR_1=1 时，或 GATE=1、$\overline{INT_1}$=1 且 TR_1=1 时，T_1 启动工作；当 TR_1=0 时，T_1 停止工作。
- TF_0：T_0 溢出中断标志位。其功能和操作同 TF_1。
- TR_0：T_0 运行控制位。其功能和操作同 TR_1。

3) 定时器的初始化步骤

(1) 根据控制要求设定 TMOD，确定定时/计数器的功能、工作方式、启动方式。

(2) 根据选定的工作方式与控制要求，计算加 1 计数器的初值。定时条件下，加 1 计数器的初值计算式为

$$初值 = 2^n - \frac{t}{机器周期}$$

其中，n 取决于工作方式。方式 0 时，n=13；方式 1 时，n=16；方式 2 时，n=8。t 为定时时间。

(3) 在中断处理方式下，对定时/计数器开放中断，并设置优先级别。

(4) 启动定时器工作。

3. 应用举例

例 4　设单片机的晶振频率 f_{osc} 为 6 MHz，使用 T_0 产生周期为 2 ms 的方波，由 $P_{1.0}$ 输出。试分别用方式 0(查询方式)和方式 1(中断方式)来实现。

解　(1) 方式 0——查询方式。

要产生 1 ms 的方波，只需在 $P_{1.0}$ 脚交替输出宽度为 1 ms 的高、低电平即可。

定时器的初始化过程如下：

① 设置 TMOD。因为 T0 的工作方式为方式 0，功能为定时，并由软件启动，所以

$$TMOD = 0000\ 0000B。$$

② 计算初值。晶振频率 f_{osc} 为 6 MHz，则

$$1 个机器周期 = \frac{12}{f_{osc}} = \frac{12}{6 \times 10^6} = 2\ \mu s$$

$$初值 = 2^{13} - \frac{1000}{2} = 7692 = 1111\,0000\,1100\text{B}$$

取计算出的初值的低 5 位送入 TL_0 的低 5 位，其余送入 TH_0，则

$$\text{TL}_0 = 0000\,1100\text{B} = 0\text{CH}$$
$$\text{TH}_0 = 1111\,0000\text{B} = 0\text{F0H}$$

③ 令 $\text{TR}_0 = 1$，启动工作。

参考程序如下：

```
ORG    0000H
       LJMP    MAIN
ORG    0100H
MAIN:  MOV     TMOD，#00H    ; 设置 T0 为定时功能、工作方式 0
       MOV     TL0，#0CH     ; 设置初值
       MOV     TH0，#0F0H
       SETB    TR0          ; 启动定时器
LOOP:  JNB     TF0，LOOP     ; 查询是否溢出
       CPL     P1.0         ; 输出取反
       MOV     TL0，#0CH     ; 重新设置计数初值
       MOV     TH0，#0F0H
       CLR     TF0          ; 清除溢出标志
       LJMP    LOOP
       END
```

(2) 方式 1——中断方式。

定时器的初始化过程如下：

① 设置 TMOD。因为 T0 的工作方式为方式 1，功能为定时，且由软件启动，所以

$$\text{TMOD} = 0000\,0001\text{B}。$$

② 计算初值。

$$初值 = 2^{16} - \frac{1000}{2} = 65\,036 = 0\text{FE0CH}$$

则

$$\text{TL}_0 = 0\text{CH},\ \text{TH}_0 = 0\text{FEH}$$

③ 开放中断，即 $\text{EA} = 1$，$\text{ET}_0 = 1$。

④ 启动工作，即令 $\text{TR}_0 = 1$。

参考程序如下：

```
ORG    0000H
       LJMP    MAIN
ORG    000BH
       CPL  P1.0                   ; 中断处理程序
       MOV     TL0，#0CH           ; 重新设置计数初值
       MOV     TH0，#0F0H
```

```
        RETI
ORG     0100H
MAIN:   MOV     TMOD，#01H          ; 设置 T0 为定时功能、工作方式 1
        MOV     TL0，#0CH           ; 设置初值
        MOV     TH0，#0FEH
        SETB    EA                 ; 开放中断
        SETB    ET0
        SETB    TR0                ; 启动定时器
        LJMP    $
        END
```

例 5　利用定时器测定外部脉冲的频率。设被测脉冲的频率在 10 kHz～100 kHz 之间。系统的晶振频率 f_{osc} 为 6 MHz。检测结果存入片内 RAM 的 20H 单元。

解　将被测脉冲送至单片机的 T_0 引脚，由 T_0 进行计数，其工作方式为方式 1，并进行查询处理。而 T_1 选择为定时功能，定时时间为 1 ms，工作方式为方式 1，并执行中断处理。

参考程序：

```
ORG     0000H
        LJMP    MAIN
ORG     001BH
        CLR TR0
        MOV     IE，#0
        MOV     20H，TL0            ; 将频率(单位为 kHz)存入缓冲单元 20H 单元
        RETI
ORG     0100H
MAIN:   MOV     TMOD，#00010101B    ; T0 为计数方式 1，T1 为定时方式 1
        MOV     TL1，#0CH           ; f_osc=6 MHz，定时 1 ms
        MOV     TH1，#0FEH
        MOV     TL0，#0
        MOV     IE，#10001000B      ; 开放 T1 中断
        MOV     TCON，#01010000B    ; 启动 T0、T1 工作
        LJMP    $
        END
```

2.7　串　行　接　口

1. 串行通信与并行通信

计算机与外界的信息交换称为通信。常用通信方式有两种：并行通信与串行通信，见图 2-20。

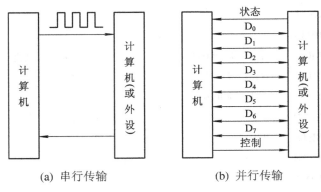

(a) 串行传输　　　　　(b) 并行传输

图 2-20　串行通信与并行通信

　　并行通信的传送速度快、效率高，但传送多少数据位就需要多少根数据线，故成本高，适合于近距离通信；串行通信是逐位按顺序传送，最少仅需要一根传输线即可完成，成本低、速度慢，适合于远距离传送。

　　MCS-51 单片机中有一个全双工的异步通信接口，可以同时完成数据的串行发送与串行接收，其数据传输格式见图 2-21。

图 2-21　异步通信格式

　　MCS-51 单片机的异步通信按字符传送，各字符传送的间隙为空闲位"1"，无固定的间隙长度。每个字符包括 1 个起始位 0、8 位或 9 位数据位(低位在前、高位在后)、1 个停止位"1"。串行通信中，用每秒传送二进制数据位的数量表示传送速率，称为波特率。1 波特＝1 b/s(位/秒)。

2．MCS-51 单片机的串口结构及控制寄存器

　　MCS-51 单片机的串口结构如图 2-22 所示。

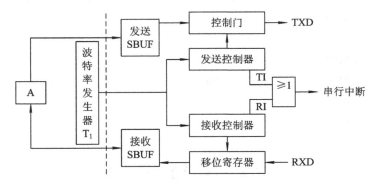

图 2-22　MCS-51 单片机的串口结构

　　串口有两个缓冲寄存器 SBUF(99H)，一个是发送寄存器(用户只能写入)，一个是接收寄存器(用户只能读出)。串行发送时，CPU 向发送 SBUF 中写入数据，发送 SBUF 在移位时钟脉冲的作用下，由串行输出引脚 TXD($P_{3.1}$)逐位输出。当该字符发送完毕后，自动将

TI 置 1，以向 CPU 提出串行中断申请。

串行输入时，数据通过 RXD(P$_{3.0}$)引脚在移位时钟的控制下逐位输入到输入移位寄存器中；接收完毕后，将数据送入接收 SBUF，并将 RI 置 1，同样向 CPU 提出串行中断申请。

与串行通信有关的控制寄存器主要有串行控制寄存器 SCON、电源控制寄存器 PCON 及 IE、IP 等。

1) 串行控制寄存器 SCON(98H)

位地址	9FH	9EH	9DH	9CH	9BH	9AH	99H	98H
位名称	SM$_0$	SM$_1$	SM$_2$	REN	TB$_8$	RB$_8$	TI	RI

• SM$_0$、SM$_1$：串口工作方式选择位。串口工作方式的具体信息见表 2-15。

表 2-15　串口工作方式

SM$_0$ SM$_1$	工作方式	说　明	波特率	数据传输格式
0　0	方式 0	8 位同步移位寄存器	$f_{osc}/12$	D$_0$ D$_1$ D$_2$ D$_3$ D$_4$ D$_5$ D$_6$ D$_7$
0　1	方式 1	10 位异步通信接口	由 T$_1$ 控制	起始 D$_0$ D$_1$ D$_2$ D$_3$ D$_4$ D$_5$ D$_6$ D$_7$ 停止
1　0	方式 2	11 位异步通信接口	$f_{osc}/32$ 或 $f_{osc}/64$	起始 D$_0$ D$_1$ D$_2$ D$_3$ D$_4$ D$_5$ D$_6$ D$_7$ D$_8$ 停止
1　1	方式 3	11 位异步通信接口	由 T$_1$ 控制	起始 D$_0$ D$_1$ D$_2$ D$_3$ D$_4$ D$_5$ D$_6$ D$_7$ D$_8$ 停止

• SM$_2$：多机通信控制位。若串行口以方式 2 或方式 3 接收，如 SM$_2$=1，则只有当接收到的第 9 位数据(RB$_8$)为 1 时，才将接收到的前 8 位数据送入接收 SBUF，并使 RI 位置 1，产生中断请求信号；否则将接收到的前 8 位数据丢弃。而当 SM$_2$=0 时，不论第 9 位数据为 0 还是为 1，都将前 8 位数据装入接收 SBUF 中，并产生中断请求信号。对于方式 0，SM$_2$ 必须为 0；对于方式 1，当 SM$_2$=1 时，只有接收到有效停止位后才使 RI 位置 1。

• REN：接收允许位。REN=0 时，禁止接收；REN=1 时，允许接收。

• TB$_8$：发送数据的第 9 位(D$_8$)，其值由用户通过软件设定，只在方式 2 和方式 3 中有用。在双机通信中，TB$_8$ 通常作奇偶校验位使用；在多机通信中，TB$_8$=1 表示此帧信息为地址帧，TB$_8$=0 表示此帧信息为数据帧。

• RB$_8$：接收数据的第 9 位(D$_8$)。在方式 2 和方式 3 中，由发送方发送的 TB$_8$ 的值将被接收方存储在 RB$_8$ 位中，其含义与 TB$_8$ 的相同。

• TI：发送中断标志。当在方式 0 时，发送完第 8 位数据后，该位由硬件置位。在其他方式下，于发送停止位之前由硬件置位。因此 TI=1 表示"发送缓冲器 SBUF 已空"，帧发送结束。其状态既可供软件查询使用，也可用于请求中断。TI 位必由软件清 0。

• RI：接收中断标志。当接收方接收到有效数据后，该位由硬件置位。因此 RI=1 表示帧接收结束。其状态既可供软件查询使用，也可以用于请求中断。RI 位由软件清 0。

2) 电源控制寄存器 PCON(87H)

位名称	SMOD	—	—	—	GF_1	GF_0	PD	IDL

- SMOD：波特率倍增位。若 SMOD=1，则串行口波特率加倍。
- GF_0、GF_1：通用标志位，供用户使用。
- PD：掉电保护位。若 PD=1，则进入掉电保护方式。此时，只有内部 RAM 单元的内容被保存，其他包括中断系统在内的所有电路停止工作。只有复位的方法才可以使单片机由掉电方式恢复到正常的工作状态。
- IDL：待机方式位。若 IDL=1，则进入待机方式。此时，时钟电路仍然运行，并向中断系统、I/O 接口和定时/计数器提供时钟，但不向 CPU 提供时钟，所以 CPU 不能工作。在待机方式下，可采取中断方法退出待机方式。在单片机响应中断时，IDL 位被硬件自动清 0。

PCON 寄存器主要是为 CHMOS 工艺单片机的电源控制而设置的，对于 HMOS 型单片机，仅 SMOD 位有效。

3. MCS-51 单片机串口的工作方式

1) 串行工作方式 0

方式 0 下，串行口作为同步移位寄存器使用，主要用于 I/O 口扩展等。方式 0 的波特率固定为 $f_{osc}/12$，串行数据由 RXD($P_{3.0}$)端输入或输出，而 TXD($P_{3.1}$)此时仅作为同步移位脉冲发生器输出移位脉冲。串行数据的发送和接收以 8 位为一帧，不设起始位和停止位，其格式为：

...	D_0	D_1	D_2	D_3	D_4	D_5	D_6	D_7	...

方式 0 下输出数据时，向 SBUF 写入数据的指令为

      MOV   SBUF，   A

此指令执行后，即可启动数据输出。当 8 位数据全部输出后，TI 自动置 1。

方式 0 下输入数据时，使 SCON 中 REN 位置 1 的指令为

      SETB   REN

此指令执行后，即可启动数据输入。当接收到 8 位数据后，RI 自动置 1。

在方式 0 工作时，往往需要外部有串入并出寄存器或并入串出寄存器配合使用，其多用于将串行口转变为并行口的使用场合，如图 2-23 所示。

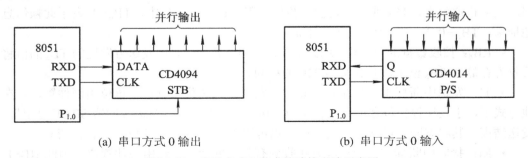

(a) 串口方式 0 输出　　　　　　　　　　(b) 串口方式 0 输入

图 2-23　串口方式 0 的电路连接方法示意图

图 2-23(a)中，CD4094 是"串入并出"移位寄存器，TXD 端输出频率为 $f_{osc}/12$ 的固定方波信号(移位脉冲)。图中的 $P_{1.0}$ 为选通信号输出端，当 $P_{1.0}=STB=0$ 时，在移位脉冲的作用下，DATA 端串行输入的数据依次移位，并存入 CD4094 内部的移位寄存器中；当 $P_{1.0}=STB=1$ 时，将内部移位寄存器锁存的数据并行输出。

图 2-23(b)中，CD4014 为"串入/并出—串出"移位寄存器。图中的 $P_{1.0}$ 为选通信号输出端，当 $P_{1.0}=P/\overline{S}=1$ 时，CD4014 并行输入数据；当 $P_{1.0}=P/\overline{S}=0$ 时，CD4014 内锁存的数据在时钟脉冲的作用下从 Q 端串行输出。

例 6　按图 2-23(a)连接电路，试将 A 中数据从 CD4094 并行输出。

解　参考程序如下：

```
MOV     SCON, #00H        ; 串行口工作方式 0
CLR     P1.0              ; 设置 CD4094 串行输入状态
MOV     SBUF, A           ; 启动串行输出
JNB     TI, $             ; 等待串行输出完毕
CLR     TI
SETB    P1.0              ; 开启并行输出
```

2) 串行工作方式 1

方式 1 下的串口作为 10 位的异步通信接口使用，TXD 为数据输出端，RXD 为数据输入端。

(1) 数据格式。方式 1 的串口数据格式如下：一帧有 10 个位，包括 1 位起始位"0"、8 位数据位和 1 位停止位"1"。

起始位 "0"	D_0	D_1	D_2	D_3	D_4	D_5	D_6	D_7	停止位 "1"

(2) 波特率。方式 1 的波特率是可变的，计算公式为

$$波特率 = 2^{SMOD} \times \frac{T_1溢出频率}{32}$$

式中，

SMOD——PCON 的最高位，可使用软件设定其值为 1 或为 0；

T_1 溢出频率——就是 T_1 在单位时间内溢出的次数。为减少误差及保证在通信期间波特率固定不变，通常将 T_1 设定为工作方式 2、定时功能，那么 T_1 的溢出周期为

$$(256 - 初值) \times \frac{12}{f_{osc}}$$

由此可得波特率的计算公式为

$$波特率 = 2^{SMOD} \times \frac{f_{osc}}{32 \times 12 \times (256 - 初值)}$$

实际使用时总是先确定波特率，再计算定时器 T_1 的初值，然后进行 T_1 的初始化。根据上述波特率的计算公式，可得 T_1 初值的计算公式为

$$初值 = 256 - \frac{f_{osc} \times 2^{SMOD}}{384 \times 波特率}$$

(3) 方式 1 下数据的发送和接收。向发送 SBUF 写入发送数据的指令即可启动数据发送。在串行口由硬件自动在 8 位数据的前后加入起始位和停止位以组成一个完整的帧。在内部移位脉冲的作用下，数据由 TXD 端串行输出。发送完一帧数据后，TXD 端维持空闲"1"状态，并将 TI 置 1，以产生串行中断申请。

接收数据从将 SCON 中的 REN 置 1 开始。当串行口采样到 RXD 端的电平从 1 向 0 跳变时，就认定这个 0 为起始位，随后在移位脉冲的控制下，把从 RXD 端输入的 8 位数据依次送入移位寄存器。当满足 RI=0、SM2=0 或接收到的停止位为 1 时，将接收到的 8 位数据送入接收 SBUF 中，停止位 1 送入 RB8 中，并使 RI 置 1，以产生串口中断申请；否则，此次接收无效，也不置位 RI。

例 7　利用单片机的串行口方式 1，让甲机连接的开关控制乙机所连接的发光二极管，并实现双机通讯。电路见图 2-24，$f_{osc}=6$ MHz，要求波特率为 1200 b/s。

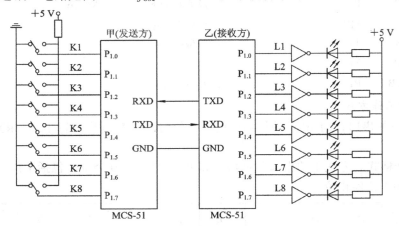

图 2-24　双机通信

解　波特率约定为 1200 b/s，SMOD 值取 0，T_1 选择工作方式 2、定时功能，则 T_1 的初值为

$$初值 = 256 - \frac{f_{osc} \times 2^{SMOD}}{384 \times 波特率} = 256 - \frac{6 \times 10^6 \times 2^0}{384 \times 1200} = 243$$

双方串口选择方式 1、查询方式，则发送方 SCON=40H，接收方 SCON=50H。

发送方程序如下：

```
        ORG     0000H
        LJMP    MAIN
        ORG     0100H
MAIN:   MOV     TMOD, #20H      ; 设置波特率及串口初始化
        MOV     TL1, #243
        MOV     TH1, #243
        SETB    TR1
        MOV     SCON, #40H
LOOP:   MOV     P1, #0FFH       ; 读入开关状态
        MOV     SBUF, P1        ; 发送
```

```
WAIT:    JNB     TI，WAIT          ；发送完毕否
         CLR     TI
         LJMP    LOOP
         END
```

接收方程序如下：

```
         ORG     0000H
         LJMP    MAIN
         ORG     0100H
MAIN:    MOV     TMOD，#20H        ；设置波特率及串口初始化
         MOV     TL1，#243
         MOV     TH1，#243
         SETB    TR1
         MOV     SCON，#50H
WAIT:    JNB     RI，WAIT          ；等待接收
         CLR     RI
         MOV     P1，SBUF          ；二极管显示
         LJMP    WAIT
         END
```

3) 串行工作方式 2

方式 2 下的串口作为 11 位的异步通信接口使用。串口的数据格式如下：一帧数据有 11 个位，包括 1 位起始位"0"、8 位数据位、1 个附加第 9 位(D_8)和 1 位停止位"1"。

起始位 "0"	D_0	D_1	D_2	D_3	D_4	D_5	D_6	D_7	D_8	停止位 "1"

附加第 9 位(D_8)由软件置 1 或清零。发送前，先根据通信协议用软件设置 TB_8(如作奇偶校验位或地址帧/数据帧标志)，然后将要发送的数据写入发送 SBUF，启动发送(单片机能自动将 TB_8 取出并作为第 9 位数据进行发送)，发送完毕使 TI 置 1。

接收时，使 SCON 中的 REN 置 1 即启动接收。当检测到 RXD 端有从 1 到 0 的跳变，便开始接收 9 位数据，并送入移位寄存器。当满足 RI=0、SM_2=0 或接收到的第 9 位为 1 时，前 8 位数据送入 SBUF，附加的第 9 位数据送入 SCON 中的 RB_8，RI 置 1；否则，这次接收无效，也不置位 RI。

方式 2 下波特率的计算方式为波特率$=2^{SMOD} \times f_{osc}/64$。

4) 串行工作方式 3

方式 3 的波特率的计算方法与方式 1 的相同，其余计算过程与方式 2 的相同。

4. 多机通信原理

单片机多机通信是指一台主机和多台从机之间的通信。MCS-51 单片机的 SCON 中设有多机通信控制位 SM_2。当串行口以方式 2 或方式 3 工作时，若 SM_2=1，则仅当接收到的第 9 位数据为 1 时，才将数据送入接收缓冲器 SBUF，并置位 RI 发出中断请求信号，否则将丢失信息；而当 SM_2=0 时，无论第 9 位是 0 还是 1，都能将数据装入 SBUF，并产生中

断请求信号。根据这个特性，便可实现主机与多个从机之间的串行通信。

图 2-25 为 MCS-51 单片机多机通信系统的逻辑示意图。多机通信中，主机与各从机之间可实现全双工通信，而各从机只能与主机交换信息。

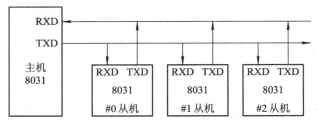

图 2-25　MCS-51 单片机的多机通信系统

多机通信的过程如下：

(1) 所有从机串口设为方式 2 或方式 3，$SM_2 = 1$，串行中断开放。

(2) 主机中设置 $TB_8 = 1$，然后先发送一帧地址信息，即希望与之通信的从机地址。

(3) 所有从机均接收主机发送的地址，并进入各自中断服务程序，从而与本机地址比较。

(4) 被寻址的从机确认后令自身的 $SM_2 = 0$，并向主机返回地址供主机核对；地址不符的从机仍保持 $SM_2 = 1$。

(5) 主机核对无误后，向被寻址从机发送命令(第 9 位设 0)，令其准备接收或发送数据。

(6) 主从机之间进行数据传送，传送完后，该从机重新设定 $SM_2 = 1$。其他从机检测到主机发送的是数据而不是地址，则不予理睬，直到主机发送新的地址。

(7) 重复步骤(2)～(6)。

2.8　模拟通道接口

在计算机控制系统中，被检测或被控制的往往是一些连续变化的模拟量，如发动机水温信号、制动液液面高度信号等，而计算机只能处理二进制形式的数字量，因此检测到的模拟信号必须转换为数字信号(A/D 转换)才能被计算机接收。同理，计算机输出的命令为数字量，常常需要转换成模拟信号(D/A 转换)再传输给执行机构。转换过程如图 2-26 所示。

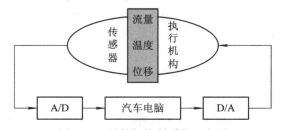

图 2-26　计算机控制系统示意图

MCS-51 单片机内部没有 A/D 与 D/A 转换器，因此需进行模数转换或数模转换时必须进行外部扩展。

1．MCS-51 单片机的总线结构

所谓总线，就是连接计算机的 CPU 与各部件的一组公共信号线。MCS-51 单片机使用

的是并行三总线结构：数据总线、地址总线和控制总线，见图 2-27。

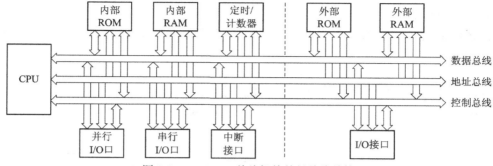

图 2-27　MCS-51 单片机的并行总线结构

(1) 数据总线 DB(Data Bus)。数据总线用于传送数据信息(数据的含义是广义的，它可以是真正的数据，也可以是指令代码或状态信息)。它是双向三态形式的总线，既可以把 CPU 的数据传送到存储器或 I/O 接口等其他部件，也可以将其他部件的数据传送到 CPU。但某一时刻只能有一个存储单元或外设与总线信号相通，其他单元尽管连接在数据总线上，但与数据总线的信息是隔离的。哪一个单元与数据总线相通，由地址总线控制。MCS-51 单片机是 8 位 CPU，因此其数据总线有 8 根，由 P_0 口的 8 根口线担任。

(2) 地址总线 AB(Address Bus)。地址总线用来传送地址信号，用于存储单元或外设的选择。地址只能从 CPU 传向外部存储器或 I/O 端口，所以地址总线总是单向三态的。CPU 在地址总线上输出地址信息，经地址译码器选中的对应的数据单元会与数据总线信息相通。此时，是将数据单元的内容读到数据总线上还是将数据总线上的信息写入到数据单元，是由控制总线控制的。MCS-51 的地址总线有 16 根，由 P_0(低 8 位地址线)、P_2 口(高 8 位地址线)线担任。

(3) 控制总线 CB(Control Bus)。控制总线用来传送控制信号和时序信号。控制信号中，有的是 CPU 送往存储器和 I/O 接口电路的，如读/写信号、片选信号等；也有的是其他部件反馈给 CPU 的，比如：中断申请信号、复位信号、总线请求信号、设备就绪信号等。但是通常对于一条具体的控制信号线而言，其传送方向是单向的。MCS-51 的控制总线主要有 $\overline{RD}$、$\overline{WR}$、$\overline{PSEN}$、$\overline{EA}$、ALE 等。

对 MCS-51 单片机来说，P0 口既要做数据总线又要做地址总线，那么如何实现呢？这就需要采用分时复用技术，即在 P0 口上连接一个锁存器将地址与数据信息分离，如图 2-28 所示。

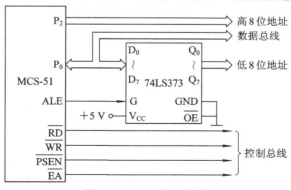

图 2-28　P_0 口分时复用

2．DAC0832 芯片介绍

1) DAC0832 的结构

DAC0832 是常见的 D/A 转换器，它可以把 8 位数字量转换成模拟量输出，其内部结构及引脚图见图 2-29。

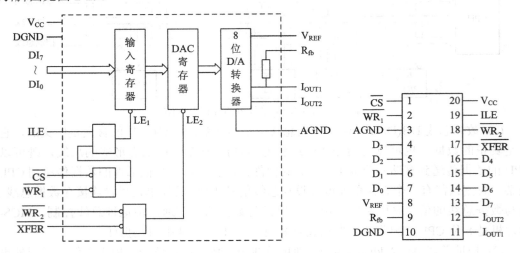

图 2-29　DAC0832 的内部结构及引脚图

各引脚的作用如下：

- $DI_7 \sim DI_0$：8 位数据输入端。

- I_{OUT1}、I_{OUT2}：模拟电流输出端。当 DAC 寄存器中全为 1 时，I_{OUT1} 输出的电流最大，I_{OUT1} 与 I_{OUT2} 的和为常数。

- $\overline{CS}$：片选信号。

- $\overline{WR_1}$、$\overline{WR_2}$：写信号。

- ILE：数据锁存允许信号。

- $\overline{XFER}$：传输控制信号。

- R_{fb}：反馈信号输入线。改变外接电阻值可调整转换满量程精度。

- V_{REF}：参考电压输入端，可接电压范围为 ± 10 V。外部标准电压通过 V_{REF} 与 T 型电阻网络结构的 D/A 转换器相连。

- V_{CC}：芯片供电电压端，范围为 +5 V～+15 V，最佳工作状态是 +15 V。

- AGND：模拟地，即模拟电路接地端。

- DGND：数字地，即数字电路接地端。

DAC0832 的具体说明如下：

(1) DAC0832 是八位的 D/A 转换芯片，集成电路内有两级输入寄存器(当 $\overline{CS}$ = 0、$\overline{WR_1}$ = 0 且 ILE = 1 时，输入锁存器锁存数据；当 $\overline{WR_2}$ = 0 且 $\overline{XFER}$ = 0 时，DAC 寄存器锁存数据并启动转换)，使 DAC0832 芯片具备双缓冲、单缓冲和直通三种输入方式，适于各种电路的需要(如要求多路 D/A 异步输入、同步转换等)。

(2) DAC0832 的逻辑输入满足 TTL 电平要求，可直接与 TTL 电路或微机电路连接。

(3) D/A 转换的结果采用电流形式输出。若需要相应的模拟电压信号，可通过一个高输入阻抗的线性运算放大器实现。运放的反馈电阻可通过 R_{fb} 端引用片内固有电阻,也可外接。

(4) DAC0832 中 D/A 转换器的结构如图 2-30 所示。

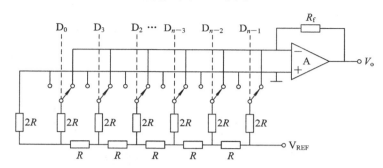

图 2-30 T 型电阻网络结构的 n 位 D/A 转换器

输出电压 V_o 为

$$V_o = -\frac{V_{REF} \cdot R_f}{2^n R}(D_{n-1}2^{n-1} + D_{n-2}2^{n-2} + \cdots + D_0 2^0)$$

由上式可见,输出的模拟量 V_o 与输入的数字量($D_{n-1}2^{n-1} + D_{n-2}2^{n-2} + \cdots + D_0 2^0$)成正比,这就实现了从数字量到模拟量的转换。

2) DAC0832 的工作方式

(1) 单缓冲方式。单缓冲方式控制输入寄存器和 DAC 寄存器同时接收数据,或者只用输入寄存器而把 DAC 寄存器接成直通方式。此方式适用只有一路模拟量输出或几路模拟量异步输出的情形,见图 2-31。

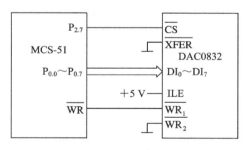

图 2-31 DAC0832 单缓冲连接方式

该图中,输入寄存器为缓冲状态,其地址为 7FFFH;DAC 寄存器为直通状态。单片机执行以下程序即可将 A 中数字量转换输出:

```
MOV    DPTR,#7FFFH
MOVX   @DPTR,A
```

例 8 利用单缓冲方式生成一个锯齿波,波形如图 2-32 所示,电路见图 2-31。

程序如下:

```
        MOV    A,#0
LOOP:   MOV    DPTR,#7FFFH
```

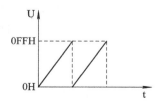

图 2-32 锯齿波

```
MOVX     @DPTR，A
INC      A
LJMP     LOOP
```

(2) 双缓冲方式。双缓冲方式先使输入寄存器锁存数据，再控制 DAC 寄存器锁存数据并启动转换，即分两次锁存输入数据。此方式适用于多个 D/A 转换器同步输出的情况，连接方式见图 2-33。

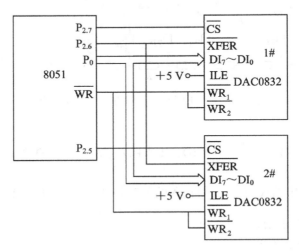

图 2-33 DAC0832 双缓冲连接方式

该图中，1#DAC0832 输入寄存器的地址为 7FFFH，2# DAC0832 输入寄存器的地址为 0DFFFH，而它们的 DAC 寄存器的地址均为 0BFFFH。

例 9 利用图 2-33 所示电路输出二维波形，设 X 坐标存放在以 30H 开始的 20 个内存单元中，Y 坐标存放在以 50H 为首的 20 个内存单元中。

程序如下：

```
MAIN:   MOV    R0，#30H
        MOV    R1，#50H
        MOV    R7，#20
LOOP:   MOV    A，@R0
        MOV    DPTR，# 7FFFH
        MOVX   @DPTR，A         ；X 坐标送入 1 #
        MOV    A，@R1
        MOV    DPTR，# 0DFFFH
        MOVX   @DPTR，A         ；Y 坐标送入 2 #
        MOV    DPTR，# 0BFFFH
        MOVX   @DPTR，A         ；启动转换
        INC    R0
        INC    R1
        DJNZ   R7，LOOP
```

(3) 直通方式。直通方式下，数据不经两级锁存器锁存，即 $\overline{CS}=0$、$\overline{WR_1}=0$、ILE=1、$\overline{WR_2}=0$、$\overline{XFER}=0$。此方式不便于计算机控制，往往用于某些不带计算机的系统中，其连接方式见图 2-34。

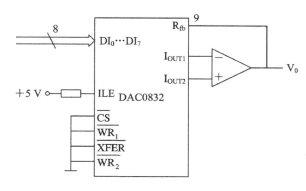

图 2-34　DAC0832 直通连接方式

3．ADC0809 芯片介绍

1) ADC0809 的结构

ADC0809 是常见的 A/D 转换器，可将 8 路模拟量中的任意一路转换成 8 位数字量输出，其内部结构及引脚图见图 2-35。

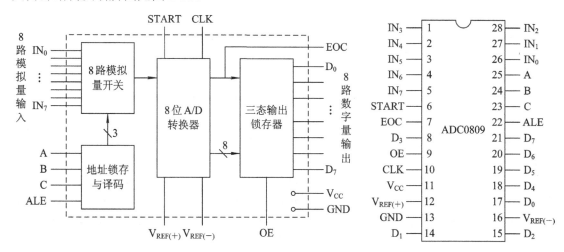

图 2-35　ADC0809 的内部结构及引脚图

ADC0809 是逐次逼近式 A/D 转换器，它由一个 8 路模拟开关、一个地址锁存与译码器、一个 A/D 转换器和一个三态输出锁存器组成。多路开关可选通 8 个模拟通道，允许 8 路模拟量分时输入，并共用 A/D 转换器进行转换。其转换结果为 8 位的数字量，存储在三态输出锁存器中，当 OE 端接收到高电平时，才可以从三态输出锁存器取走转换结果。

各引脚作用如下：

- $D_7 \sim D_0$：8 位数字量输出引脚。
- $IN_0 \sim IN_7$：8 位模拟量输入引脚，信号范围为 0 V～5 V。
- A、B、C：通道选择地址线。通道选择表如表 2-16 所示。

表 2-16　ADC0809 通道地址

C	B	A	选择的通道
0	0	0	IN_0
0	0	1	IN_1
0	1	0	IN_2
0	1	1	IN_3
1	0	0	IN_4
1	0	1	IN_5
1	1	0	IN_6
1	1	1	IN_7

● ALE：地址锁存允许信号输入端。在 ALE 接收到上升沿时，A、B、C 地址线的状态送入地址锁存器中。

● START：转换启动信号输入端。当 START 接收到上升沿时，所有内部寄存器清零；接收到下降沿时，开始进行 A/D 转换。在转换期间，START 应保持低电平。

● EOC：转换结束信号。当 EOC 输出高电平时，表明转换结束；否则，表明正在进行 A/D 转换。

● OE：输出允许信号。当 OE 接收到高电平时，输出转换的数据；当 OE 接收到低电平时，输出数据线呈高阻状态。

● CLK：时钟信号输入端。时钟信号的频率范围为 10 kHz～1200 kHz。

● V_{CC}：+5 V 工作电压。

● GND：接地端。

● $V_{REF(+)}$、$V_{REF(-)}$：参考电压输入端。$V_{REF(+)} + V_{REF(-)} = V_{CC}$。

2) ADC0809 的工作方式

ADC0809 工作时，应先输入 3 位地址，并使 ALE=1，以便将地址存入地址锁存器中。此地址经译码器后选通 8 路模拟输入中的一路到比较器。START 的上升沿将逐次逼近寄存器复位，下降沿则启动 A/D 转换；之后 EOC 输出信号变成低电平，指示转换正在进行；直到 A/D 转换完成，EOC 才变为高电平，此时结果数据已存入锁存器。EOC 信号也可用作中断申请。当 OE 输入高电平时，输出三态门打开，转换得到的数字量输出到数据总线上。

A/D 转换后得到的数据应及时传送给单片机进行处理。数据传送的关键问题是要确认 A/D 转换是否完成，因为只有确认转换完成后，才能进行传送。确认转换是否完成可采用下述三种传送方式。

(1) 定时传送方式。对于一种 A/D 转换器来说，转换时间是已知的，例如 ADC0809 的转换时间为 128 μs。可据此设计一个延时子程序，A/D 转换启动后即调用此子程序，延迟时间一到，转换肯定已经完成了，接着就可进行数据传送。

(2) 查询方式。通过测试 ADC0809 的 EOC 端(转换结束信号)的状态，判断转换是否结束。

(3) 中断方式。把转换完成的状态信号(EOC)作为中断请求信号，以中断方式进行数据传送。

ADC0809 与 MCS-51 单片机的接口电路图如图 2-36 所示。

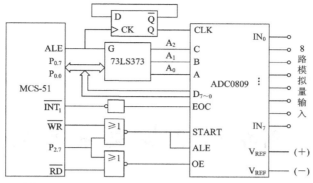

图 2-36　ADC0809 与 MCS-51 单片机的接口电路图

图 2-36 中，ADC0809 的时钟信号由单片机的 ALE 信号经二分频得到，为单片机时钟频率的 1/12。A、B、C 三根地址线通过地址锁存器 74LS373 分别连至 $P_{0.0}$、$P_{0.1}$、$P_{0.2}$。START 信号与 ALE 连在一起，由 $P_{2.7}$ 和 $\overline{WR}$ 控制，OE 信号由 $P_{2.7}$ 和 $\overline{RD}$ 控制。EOC 信号经非门后送至 $\overline{INT_1}$ 引脚，供 CPU 查询或中断处理使用。由图可知，$IN_0 \sim IN_7$ 通道的地址为 7FF8H～7FFFH；输出锁存器的地址为 7FFFH，虽此地址与 IN_7 的相同，但不会发生冲突，因为写出时为对 IN_7 操作，读入时为对输出锁存器操作。

例 10　分别以查询方式和中断方式对 IN_0 的输入进行采样，并把结果存储在 A 中。

解　(1) 查询方式下的程序为

MOV	DPTR，#7FF8H	；设置通道 0 地址
MOVX	@DPTR，A	；启动转换
SETB	P3.3	
JB	P3.3，$	；等待转换结束
MOV	DPTR，#7FFFH	；设置输出锁存器地址
MOVX	A，@DPTR	；读入转换结果

(2) 中断方式下的程序为

ORG	0000H		
	LJMP	MAIN	
ORG	0013H		
	MOV	DPTR，#7FFFH	；设置输出锁存器地址
	MOVX	A，@DPTR	；读入转换结果
	RETI		
ORG	0100H		
MAIN：	SETB	IT1	
	SETB	EA	
	SETB	EX1	
	MOV	DPTR，#7FF8H	；设置通道 0 地址，启动转换
	MOVX	@DPTR，A	
	LJMP	$	
	END		

汽车电子控制单元实例及检修

3.1　发动机电子控制单元实例

1. 玛瑞利单点电脑结构框图

玛瑞利单点电脑是一种典型的集中喷射电脑，该电脑成本低廉且比较简单实用，目前广泛应用在国产微型车及低档轿车当中。图 3-1 为以该电脑为核心的发动机电控系统的原理图。

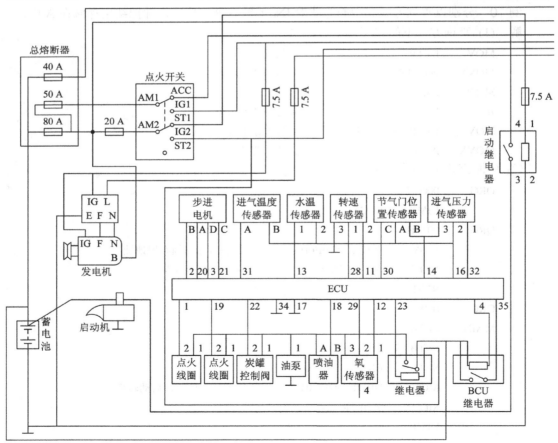

图 3-1　发动机电控系统原理图

表 3-1 为玛瑞利单点电脑的各针脚定义。

表 3-1　玛瑞利单点电脑的针脚定义

针脚号	功　　能	针脚号	功　　能
1	1、4 缸点火线圈初级信号	19	2、3 缸点火线圈初级信号
2	B 相怠速马达控制信号	20	A 相怠速马达控制信号
3	D 相怠速马达控制信号	21	C 相怠速马达控制信号
4	主继电器信号	22	燃油蒸汽电磁阀信号
5	空	23	燃油泵继电器控制信号(−)
6	报警灯接通信号	24	空调继电器信号
7	空	25	空
8	空调机输入信号	26	点火开关输入
9	空	27	空
10	诊断口 L 连线	28	转速传感器输入(+)
11	转速传感器输入(−)	29	氧传感器输入(+)
12	氧传感器输入(−)	30	节流阀电位计信号输入
13	水温传感器输入(−)	31	进气温度传感器信号输入
14	压力传感器/节流阀电位计 5 V 电源	32	绝对压力传感器信号输入
15	诊断口 K 连线	33	空
16	水温/空气/压力传感器和节流阀位置传感器接地线	34	发动机主接地线
17	发动机主接地线	35	点火开关 +12 V 供电输入
18	喷油器搭铁信号		

图 3-2 为该电脑的内部电路原理框图，从图中可以看出发动机电脑的逻辑电路以 CPU 为核心，它通过数据总线和地址总线把存储器、总线驱动器、数据锁存器等外部器件有机地连成一体，并通过 I/O 口把传感器信号接收到 CPU 内部，把执行信号送到外部，同时完成与其他设备(如诊断设备)的通信功能。

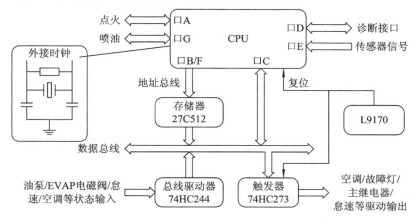

图 3-2　玛瑞利单点电脑的内部电路框图

2. 玛瑞利单点电脑主要器件的介绍

(1) CPU。该电脑的 CPU 使用的单片机是 MC68HC11F1。

MC68HC11F1 是 Motorola 公司生产的高性能的 8 位单片机,其内部资源如图 3-3 所示。

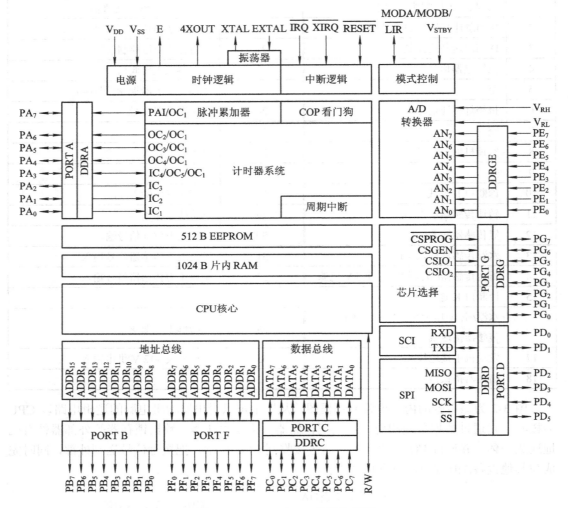

图 3-3   MC68HC11F1 的结构框图

① MC68HC11F1 的主要特征如下:

● 具有 MC68HC11 CPU;

● 512 B 带区域数据保护功能的片内 EEPROM;

● 1024 B 的片内 RAM;

● 增强的 16 位定时器系统:包括 3 个输入捕获通道, 4 个输出比较通道, 1 个附加通道(可选择作为第 4 或第 5 输出通道);

● 实时中断电路;

● 8 位脉冲累加器;

● 同步外围设备接口 SPI;

- 异步非归零码串行通信接口 SCI；
- 两种省电模式：STOP、WAIT；
- 8 通道 8 位 A/D 转换器；
- 看门狗系统；
- 可达 5 MHz 的总线时钟；
- 两种封装形式：68 引脚 PLCC 封装和 80 引脚 TQFP 封装。

② 引脚功能。该电脑中采用的是 68 引脚 PLCC 封装，见图 3-4。

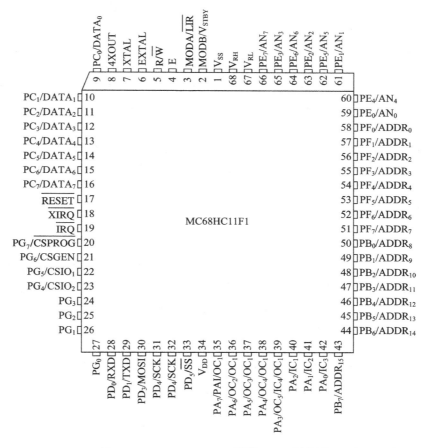

图 3-4　MC68HC11F1 68 引脚 PLCC 封装图

- V_{DD}、V_{SS}——微控制器主电源的供给引脚。V_{DD} 接 +5 V，V_{SS} 必须接地。
- $\overline{RESET}$——外部复位引脚，低电平有效。当输入低电平时可使 CPU 复位，当 COP 看门狗、内部时钟监视失效而触发内部复位时，该引脚输出低电平。
- XTAL、EXTAL——晶振驱动和外部时钟输入。
- $\overline{IRQ}$——可屏蔽中断请求输入端。
- $\overline{XIRQ}$——不可屏蔽中断请求输入端。
- MODA/$\overline{LIR}$、MODB/V_{STBY}——工作模式选择。复位期间，MODA、MODB 引脚的逻辑电平使得 CPU 可选择以下四种模式：单片模式、扩展模式、自举模式、测试模式。工作模式选定后，加载指令寄存器($\overline{\text{LIR}}$)引脚提供的指令以开始运行，V_{STBY}引脚为随机存储器的待机电源引脚。

● V_{RL}、V_{RH}——参考电压引脚。这两个引脚为 A/D 转换提供参考电压，V_{RL} 是低参考电位，一般为 0 V，V_{RH} 是高参考电位。正常情况下，V_{RH} 至少比 V_{RL} 高 3 V。V_{RL}、V_{RH} 应该在 V_{DD}、V_{SS} 之间，这两个引脚必须外接滤波电容，否则噪声将引起 A/D 转换的严重失真。

③ 信号端口分为以下几种：

● 端口 A：它是一个 8 位常规的、带有一个数据寄存器(PORTA)和一个数据方向寄存器(DDRA)的 I/O 口 $PA_{[7:0]}$，复位后 16 位定时系统复用端口 A 的引脚。

● 端口 B：它是一个 8 位的输出口。在单片模式下，端口 B 是常规输出口 $PB_{[7:0]}$；在扩展模式下，端口 B 是高 8 位地址总线 $ADDR_{[15:8]}$。

● 端口 C：它是一个 8 位常规的、带有一个数据寄存器(PORTC)和一个数据方向寄存器(DDRC)的 I/O 口。在单片模式下，端口 C 是常规 I/O 口 $PC_{[7:0]}$；在扩展模式下，端口 C 是 8 位数据总线 $DATA_{[7:0]}$。

● 端口 D：它是一个 6 位常规的、带有一个数据寄存器(PORTD)和一个数据方向寄存器(DDRD)的 I/O 口。端口 D 的 6 个引脚可用作常规的 I/O 口，也可用作串行通信接口 SCI 或串行设备接口 SPI 的子系统。

● 端口 E：端口 E 是一个 8 位的输入口，也可用作 A/D 转换器的模拟信号输入口。

● 端口 F：端口 F 是一个 8 位输出口。在单片模式下，端口 F 是常规输出口 $PF_{[7:0]}$；在扩展模式下，端口 F 是低 8 位地址总线 $ADDR_{[7:0]}$。

● 端口 G：端口 G 是一个 8 位常规 I/O 口，使能后 $PG_{[7:4]}$ 可作为 4 个片选信号使用。

(2) 74HC244。74HC244 是带使能端的三态总线驱动器，其引脚图见图 3-5。在玛瑞利单点电脑中，74HC244 用作空调、油泵、EVAP 电磁阀、怠速马达等设备的状态输入开关，其输出端直接与数据总线相连。

(3) 74HC273。74HC273 是带复位端的、8 路上升沿有效的 D 触发器，其引脚图如图 3-6 所示。在玛瑞利单点电脑中，74HC273 用作怠速马达、主继电器、故障指示灯、空调继电器等驱动信号的输出开关，其输入端直接与数据总线相连。

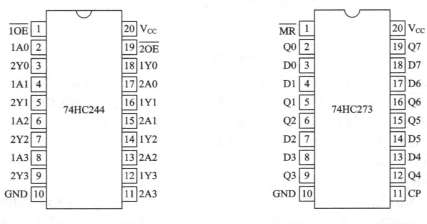

图 3-5　74HC244 引脚图　　　　　　图 3-6　74HC273 引脚图

(4) 27C512。27C512 是 64 KB 的 8 位只读存储器，其引脚图如图 3-7 所示。在玛瑞利电脑中，27C512 用来存储电脑的主程序和各种数据表格。

3. 玛瑞利单点电脑的工作原理

玛瑞利单点电脑的原理框图参见图 3-2，其工作流程如下：

(1) 电源接通后，由电源芯片 L9170 的引脚 8 输出复位信号(低电平)至 CPU 的复位端 17 (见图 3-17 电源部分电路)，同时送到 74HC273 的清零端 1 使其输出清零。CPU 进入启动状态后，先对内部硬件进行复位，设置相应的寄存器；然后开始加载程序，将 27C512 中的主程序读入到内部的 RAM 中；最后进入程序运行状态。

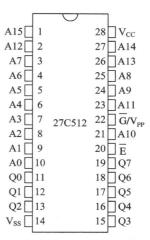

图 3-7　27C512 引脚图

(2) 主程序先使数据总线 D2 输出逻辑 1(高电位)并送至 74HC273 的引脚 7，经 74HC273 锁存后从引脚 6 输出高电位的控制信号，使主继电器接通，从而将 12 V 的电源加到点火线圈及喷油器等外部设备。

(3) CPU 通过 PORT E、PORT A 口读入外部传感器信号及转速信号，然后通过这些信号判断车辆当前的运行工况，并根据当前的工况从 PORT D、PORT G 口及数据总线(通过 74HC273 锁存)输出相应的驱动信号，使相应的设备进入运行状态。

(4) CPU 通过 PORT A、PORT D、PORT G 及数据总线(经 74HC244 驱动)读入相应设备的状态信息，并根据这些信息对控制信号进行进一步的优化和调整。逻辑电路和传感器及执行机构构成了闭环控制系统，以通过反馈信号不断优化控制系统，从而使发动机处于最佳状态。

4. 玛瑞利单点电脑点火控制电路分析

1) 电路图

玛瑞利单点电脑的点火控制电路是典型的直接点火系统，该点火系统是由 CPU 的 A 口控制的，具体电路见图 3-8。

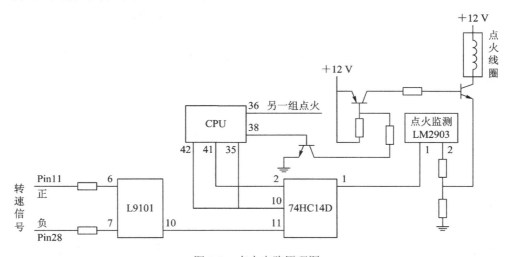

图 3-8　点火电路原理图

2) 工作原理

(1) 系统复位后，主程序将 CPU 的端口 A 配置成定时器口，来自电脑引脚的转速信号 (pin 11、pin 28)经电阻送至芯片 L9101 的引脚 6、7。该信号的波形如图 3-9 所示，每个周期由 58 个小正弦波和一个大正弦波组成。

图 3-9 转速信号波形

(2) 转速信号经 L9101 内部波形整形后由引脚 10 输出如图 3-10 所示的 5 V 脉冲信号，每个周期由 58 个窄脉冲和 1 个宽脉冲组成。该信号送到 74HC14D 的引脚 11 经反相器取反后由其引脚 10 送至 CPU 端口 A 的引脚 35(PA_7，驱动 CPU 内部的脉冲累加器)和引脚 42(PA_0，定时器的输入端 OC_1)，波形如图 3-11 所示。

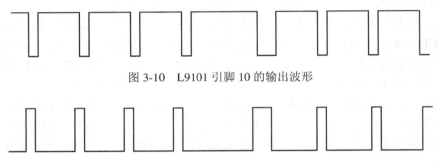

图 3-10 L9101 引脚 10 的输出波形

图 3-11 74HC14D 引脚 10 的输出波形

(3) CPU 根据 OC1 收到的脉冲信号对点火时间做出判断：CPU 一收到宽脉冲(对应两个缺齿)就开始计数，累计 20 个连续窄脉冲后判断为 1 缸或 4 缸的上止点，累计 50 个窄脉冲出现后判断为 2 缸或 3 缸的上止点。由此 CPU 计算出 1、4 缸和 2、3 缸的基本点火提前角，然后根据发动机冷却液温度传感器、进气温度传感器、节气门位置传感器等输入信号，以及根据存储器中的点火提前角修正表对基本点火提前角进行修正以获得精确的点火时间。

(4) 由 CPU 的引脚 38(PA_4，OC_4)和引脚 36(PA_6，OC_2)分别输出 1、4 缸和 2、3 缸的点火驱动信号，波形如图 3-12 所示。每路信号经过两个三极管以驱动后送至点火三极管以控制点火线圈进行点火。

图 3-12 点火驱动信号

(5) 点火成功后，由运算放大器 LM2903 构成的电压比较器(引脚 2 为反相端、引脚 3 为同相端)的引脚 1 产生的点火确认信号如图 3-13 所示。该信号送至 74HC14D 的引脚 1 经反相驱动后由引脚 2 送至 CPU 的引脚 41(PA_1，IC_2)，波形如图 3-14 所示。CPU 通过点火确认信号对点火情况进行监视。

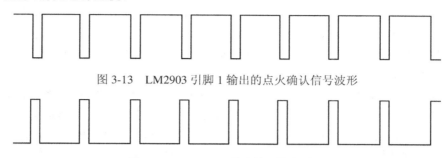

图 3-13   LM2903 引脚 1 输出的点火确认信号波形

图 3-14   74HC14D 输出端 2 输出波形

3) 金杯单点玛瑞利电脑点火电路正常工作的四个要素

(1) 有正常的转速信号送至 CPU 系统。

(2) CPU 系统能够进行正常的信息处理并输出相应的点火驱动信号。

(3) 执行机构(点火及驱动电路)能正常工作。

(4) 点火反馈信号能正常送到 CPU 系统。

5. 喷油电路分析

1) 电路图

玛瑞利单点电脑的喷油控制电路主要由 CPU 的端口 G 和定时器的 $OC_1(PA_5)$ 组成，电路如图 3-15 所示。

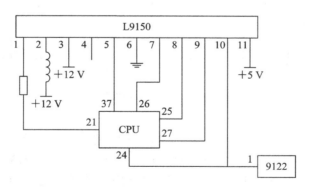

图 3-15   喷油控制电路原理图

2) 工作原理

CPU 首先根据点火频率确定喷油频率(喷油频率为点火频率的一半)，再由 CPU 的输出端 37 输出喷油驱动脉冲信号至喷油模块 L9150 的引脚 5；此信号经 L9150 放大后由其引脚 2 输出到喷油器，这就是喷油电路的基本工作原理。

在喷油过程中，CPU 还要根据 A/D 转换器送来的各种传感器信号，判断当前的工况，并根据工况信息调整喷油驱动脉冲信号的宽度，从而控制喷油器的喷油量，以满足发动机各种工况的需要。喷油器的喷油量分为基本喷油量和补充喷油量两部分。

(1) 基本喷油量。发动机只要一转动就产生发动机转速信号和负荷状况信号。发动机转速信号由转速传感器提供，发动机负荷信号由空气流量传感器或进气压力传感器所测量的进气量决定。CPU 根据这两个信号所决定的喷油量称为基本喷油量。

(2) 补充喷油量。电控汽油喷射系统最终的喷油量是由 CPU 对各种传感器送来的信号加以计算后决定的，即供油多少是根据实际需要确定的。在许多工况下，比如在启动或大负荷工况下，除基本喷油量外，还需要有额外的喷油。冷却液温度、空气温度、节气门开度等因素都会影响喷油量的多少。

CPU 的引脚 21 输出使能(片选)信号至 L9150 的引脚 1 来控制喷油电路的启动和停止；L9150 的引脚 7、8、9、10 分别接至 CPU 的引脚 26、25、27、24，即 PG$_{[3:0]}$，用来反馈喷油脉宽的二进制信息，使 CPU 时刻了解喷油控制是否达到了控制目标。这是个典型的闭环控制系统，通过不断的反馈和控制最终使喷油量与发动机的实际工况相一致。

6. 怠速控制电路分析

1) 电路原理图

玛瑞利单点电脑的怠速控制电路由 CPU、数据锁存器 74HC273、总线驱动器 74HC244及怠速马达驱动电路 L9122 等器件组成，如图 3-16 所示。

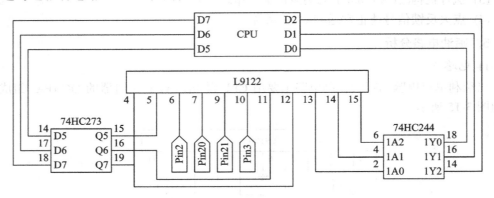

图 3-16   怠速控制电路原理图

2) 工作原理

发动机启动后，CPU 通过 A/D 变换器读入冷却液温度传感器的数据，然后将冷却液温度转换成数字控制信号，通过数据总线 D$_5$、D$_6$、D$_7$ 输送至 74HC273 的引脚 14、17、18；控制信号经 74HC273 锁存后由引脚 15、16、19 输出到怠速马达驱动芯片 L9122 引脚的 5、11、4 和 12，L9122 将高低电平的数字信号转化为电压信号后由引脚 6、7、9、10 输出到ECU 的接脚 Pin2、Pin20、Pin21、Pin3，以便通过两组线圈控制怠速马达的转向和转角，从而改变空气旁通道的开度，使怠速状态下的进气量发生变化。

CPU 通过读取进气压力信号来感知进气量的变化，然后对喷油脉冲宽度做出调整，进而使发动机转速发生变化；转速的变化量又通过转速传感器送回 CPU，这样就形成了一个闭环控制系统。CPU 根据当前的冷却液温度，通过查找固化在 ROM 中的怠速表格，可以对发动机怠速进行有效的控制。

另外，L9122 的引脚 13、14、15 将怠速驱动电路的工作状态送至 74HC244 的引脚 2、4、6，经 74HC244 驱动后，由引脚 18、16、14 送到 CPU 的数据总线 D$_0$、D$_1$、D$_2$ 上，这样 CPU 可以随时了解怠速驱动电路的工作状态，以便对其实施有效的控制。

7. 其他电路

1) 电源电路

电源电路的具体工作原理图如图 3-17 所示。

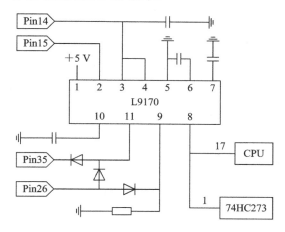

图 3-17　电源部分工作原理图

来自电脑插脚 Pin35 的 12 V 蓄电池电压加到了 L9170 的引脚 2 和 11。当 L9170 的引脚 9 收到来自 Pin26 的启动信号后，由引脚 1 输出 5 V 电压供给电脑本身使用；而由端口 3、引脚 4 通过 Pin14 输出 5 V 电压给外部传感器使用；由引脚 8 输出复位信号到 CPU 的引脚 17 和 74HC273 的 1，使电脑板复位，同时使 74HC273 在复位期间清零，以避免发生错误的控制动作。

2) 空调继电器、油泵继电器、故障报警灯及主继电器控制电路

继电器部分的电路工作原理图如图 3-18 所示。

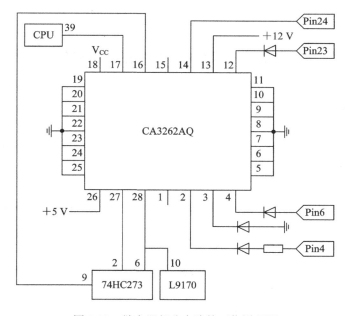

图 3-18　继电器部分电路的工作原理图

(1) 空调继电器控制：CPU 通过数据总线 D3 输出控制信号到 74HC273 的引脚 8，经锁存后由引脚 9 输出至 CA3262AQ 的引脚 16，从而控制引脚 14 变成低电平使空调继电器吸合。

(2) 油泵继电器控制：由 CPU 的引脚 39 直接产生控制信号加至 CA3262AQ 的引脚 17 以控制引脚 12 变成低电平使油泵继电器吸合。

(3) 故障报警灯：由 CPU 通过数据总线 D0 输出控制信号到 74HC273 的引脚 3，经锁存后由引脚 2 输出至 CA3262AQ 的引脚 27，以控制引脚 4 变成低电平，从而使故障灯点亮。

(4) 主继电器控制：由 CPU 通过数据总线 D0 输出控制信号到 74HC273 的引脚 7，经锁存后由引脚 6 输出至 CA3262AQ 的引脚 28，以控制引脚 2 变成低电平，从而使主继电器吸合。

3) 传感器电路

传感器信号是通过 CPU 的 A/D 转换器送到 CPU 的，其处理电路如图 3-19 所示。

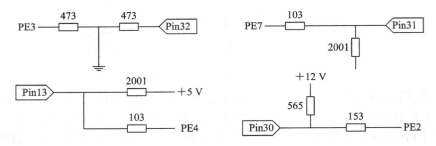

图 3-19　传感器信号处理电路原理图

在本电脑中，A/D 转换器主要用来采集水温、节流阀电位器、绝对压力、进气温度等传感器信号，具体情况如下：绝对压力传感器信号(MAP)传至 CPU 的引脚 65(PE_3)，进气温度传感器信号(IAT)传至 CPU 的引脚 66(PE_7)，水温传感器信号传至 CPU 的引脚 60(PE_4)，节流阀电位计信号传至 CPU 的引脚 63(PE_2)等。

3.2　电子控制单元的检修

1. 检修工具

(1) 防静电手套。日常生活中，每个人身上都存在着静电，高达上千伏，因此在测试电脑时要防止人体静电通过测试点传到比较弱的微处理器和存储器电路上，从而造成永久性的损坏。如果有防静电手套，一端戴在手上，另一端接在电脑的搭铁端，就可有效的防止此类事故。

(2) 焊接工具。发动机电路由很多 CMOS 芯片组成，因此焊接时也要有防静电措施，所以必须具有防静电拆焊台和防静电烙铁。可采用进口的白光焊接设备，也可采用国产质量较好的焊接设备，如 QUICK850、QUICK926 等。

(3) 大电流多路可调稳压电源。在维修电脑板时，经常需要给电脑板加电测量，因此需要有一个稳压性能好的、带电流电压指示的稳压电源。

(4) 数字万用表。电脑中很多的电路都只能通过极弱的电流，如果用指针式电压表测量，表内线圈的反向电压可能会损坏电脑，所以应用内阻大于 10 kΩ 的数字表测量电路。

(5) 信号发生器。由于电脑必须加上相应的传感器信号才能进入工作状态，而最基本的传感器信号是转速信号，且有相当多的电脑板需要的转速信号是不规则的(如玛瑞利单点电脑的转速信号就是 60 缺 2 的不规则的正弦信号)，另外部分电脑板必须同时加两路以上的信号(如曲轴、凸轮轴信号等)，因此必须具备一台两通道以上的任意波形信号发生器，如国内的 SM-59。

(6) 数字示波器。检修电脑板经常需要测量各种波形信号，而信号的频率范围跨度很大，低的只有几赫兹，高的却可达到几十兆赫兹，所以建议采用频率为 40 MHz 以上的、采样频率不低于 200 Mb/s 的示波器，如 FLUKE、TEK 等品牌。

(7) 编程器。很多电脑板的故障是数据故障，经常需要重写 EEPROM、EPROM、FLASH 等内的数据，有时更会遇到更换 CPU 的情况，且更换 CPU 时必须重写 CPU 的 EEPROM、EPROM 或 FLASH。因此，维修时必须具备一台功能比较全面的编程器。目前，无论在国内或在国际市场上，能够符合上述要求的只有汽车数据专家。

2．检修方法

(1) 直观检查法。检修人员通过观察元器件的外观，从中发现异常现象，从而找到故障的部位及原因。比如 ECU 内部引线腐蚀、元件烧蚀等故障即可通过观察法来排除。

(2) 故障再生法。此方法适用于一些间歇性出现的问题，可有意识的让故障重复发生，从而判断故障发生的原因。比如，在高温情况下才出现的故障，可以打开 ECU 的盖板，用电吹风或热风枪对可疑部位加热，使故障再现，从而找出故障原因。但是要注意温度不能调得太高，以防因温度过高使本来性能良好的半导体器件损坏。

(3) 替代检查法。此方法的基本思路是用一个质量可靠的元件(或电路)去替代被怀疑有故障的元件(或电路)。如果替代后工作正常，说明原来的元件(或电路)有问题。

(4) 万用表检测法。比如，若怀疑 ECU 的供电不正常，则可用电压挡对各集成电路的供电电源线、线路中连接蓄电池的主电源线、受点火开关控制的电源线和内部集成稳压器构成的稳压电路进行测量。再比如，要判断某一段铜箔线路是否断路，可采用电阻挡进行测量。

(5) 示波器检测法。采用示波器对 ECU 中关键点的波形进行测量，从而判断其是否正常。

(6) 信号注入检测法。在车辆不工作的状态下，人为地利用信号发生器给电脑提供正常工作所必须的信号，让电脑进入工作状态来排除故障。

3．玛瑞利单点电脑主要电路的检修

1) 逻辑电路的检修

在逻辑电路中，数据总线是共用的，这样很多器件会交连在一起，导致检修工作相对比较复杂，因此需根据具体情况做出准确的判断，以缩短检修时间。

(1) 时钟信号的检测。时钟信号是逻辑电路同步工作的基础，没有时钟信号，逻辑电路就会瘫痪。电脑板加电后，用示波器测量 CPU 的引脚 6、7 后应有如图 3-20 所示的正弦波信号。如果没有波形，说明时钟电路工作异常，那么再测量 CPU 的引脚 6、7，此时应有 3 V 左右的电压。如果没有电压，说明 CPU 内部的时钟电路已损坏，应更换 CPU；如有电压，应更换晶振、电容、电阻等器件。

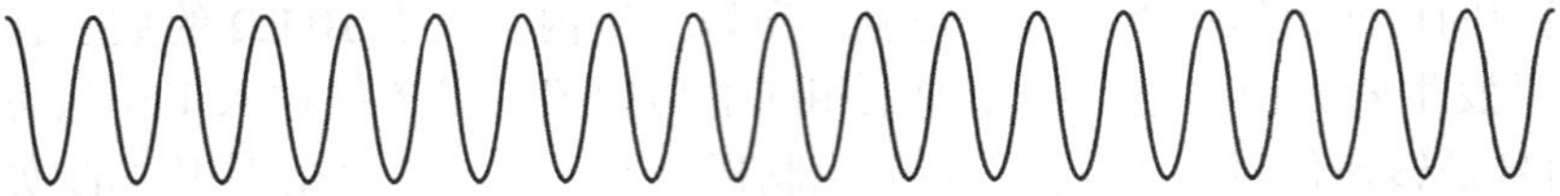

图 3-20   时钟信号波形

(2) 复位信号的检测。复位信号是逻辑电路的启动指令，由 L9170 产生。电源上电后在引脚 8 产生一定时间的低电平延迟信号，然后跳到高电平。用示波器测量引脚 8 应能看到明显的低电平延迟及跳变过程。如果没有，说明 L9170 内部的复位电路损坏，应更换 L9170。

(3) 数据/地址信号的检测。在 CPU 的数据/地址线上应能测到如图 3-21 所示的波形。

图 3-21   数据/地址信号波形

如果测不到正常的地址信号，可先将 27C512 从插座上拔下，再进行测量。这样可以区分是 27C512 发生故障还是 CPU 发生故障。

如果是数据信号不正常(影响数据信号的因素有 74HC244、74HC273、CPU 及 27C512)，可采用上面的方法首先排除 27C512 发生故障的可能；然后再判断 74HC273 的正常性，判断方法如下：将其 $\overline{MR}$ 脚挑起后接地，此时测得的 Q0～Q7 应为低电平，否则更换；挑起 CP 脚，同时将 D0～D7 通过 10 kΩ 的电阻接到 +5 V 的电源(10 kΩ 的电阻一端接 +5 V 电源，另一端接触 CP 脚，相当于给 CP 脚一个上升沿)，此时测量 Q0～Q7 应为高电位，否则更换 74HC273。用类似的方法也可检查 74HC244 是否损坏，如果排除了 74HC244、74HC273、27C512 发生故障的可能性，请更换 CPU。

2) 点火电路的检修

金杯单点玛瑞利电脑最常出现的故障现象是不点火，下面介绍其检修过程。

(1) 首先给电脑正常供电，接脚 Pin17 接地，然后用任意波信号发生器产生如图 3-9 所示的转速模拟信号加到电脑的接脚 Pin11(信号负)和 Pin28(信号正)。这样可以使电脑进入工作状态。

(2) 用示波器测量 L9101 的引脚 10，应有如图 3-10 所示的脉冲信号，如果测不到信号说明 L9101 及其附属电路有故障。此时应先检查 L9101 周围的电路，如果没有问题，再检查 L9101 的引脚 6、7 接到电脑接脚 Pin11、Pin28 的线路，若仍然没有问题，应更换 L9101。

(3) 上述电路若没有问题，接着测试 CPU 的引脚 42、35。用示波器测量后应有如图 3-11 所示的波形，如果没有波形请检查 74HC14D 及周围电路、CPU 的引脚 42 和 35 至 74HC14D 的引脚 10 间的通路、74HC14D 的引脚 11 至 L9101 的引脚 10 间的通路。

(4) 上述电路若没有问题，接下来测试 CPU 的引脚 36 和引脚 38。用示波器测量后应有如图 3-12 所示的点火驱动信号，如果测不到，说明 CPU 系统工作不正常。

(5) 如果以上电路都正常，却仍然不点火，说明点火执行器件(每路两个驱动三极管和一个点火管)有故障。

注：点火反馈部分的故障一般不会引起不点火，只会造成点火后熄火或点火时间失控。

3) 喷油控制电路的检修

根据喷油控制电路的原理，在有正常点火信号的情况下，首先测量 CPU 的引脚 37 有无喷油驱动信号输出。如果没有喷油驱动信号，说明电脑板程序执行不正常，可用数据专家重写 CPU 及存储器 27C512 内的程序。如果有喷油驱动信号输出，在 L9150 的引脚 2 外接感性负载的情况下，测量引脚 2 有无喷油控制信号输出。若没有输出，说明 L9150 已损坏，但也可能是 L9150 供电不正常，在排除电源问题的情况下可更换 L9150；如有正常喷油控制信号输出，说明喷油电路不正常，请检查电脑板外部电路。

另外，喷油控制电路的损坏还可能造成加速不良的故障。这种故障一般是程序和数据问题，可以用数据专家做程序恢复和数据匹配。

4．Motronic 1.5.4 电脑故障的检修

Motronic 1.5.4 电脑是由上海大众汽车有限公司与德国 BOSCH 公司合作开发的闭环电子控制多点燃油顺序喷射系统，特点是点火系统与喷油系统复合在一起。Motronic 1.5.4 电脑各引脚的定义如表 3-2 所示。

表 3-2　Motronic 1.5.4 电脑引脚定义

引脚号	功　　能	引脚号	功　　能
1	点火线圈初级绕组末端	29	空
2	点火线圈接地		进气压力/温度传感器接柱"1"
3	油泵继电器的"86"接柱	30	水温传感器接柱"2"
4	怠速控制阀接柱"1"		爆震传感器接柱"2"
5、6	空	31～33	空
7	进气压力传感器压力信号输出接柱"4"	34	4 缸喷油器
8、9	空	35	3 缸喷油器
10	氧传感器接柱"3"	36	空
11	爆震传感器接柱"1"	37	点火开关接柱"15"
12	5 V 电压	38	空
13	空	39	基础调整量接线
14	喷油器接地	40	空调压缩机
15	空	41	空调开关
16	2 缸喷油器	42、43	空
17	1 缸喷油器	44	进气压力/温度传感器接柱"2"
18	蓄电池"+"极	45	水温传感器接柱"1"
19	爆震传感器屏蔽线	46、47	空
20～23	空	48	霍尔传感器搭铁
24	ECU 接地	49	霍尔传感器信号输出
25	空	50～52	空
26	怠速控制阀接柱"2"	53	节气门位置传感器接柱"2"
27	点火开关接柱"15"	54	空
28	氧传感器接柱"4"	55	诊断信号线

1）Motronic 1.5.4 电脑不点火故障的检修

图 3-22 为 Motronic 1.5.4 电脑点火部分的电路原理图。来自电脑插脚 Pin49、Pin48 的

霍尔信号送至 30311 的引脚 3；信号经 30311 整形并驱动后由 30311 的引脚 1 输送至 CPUB58468 的引脚 36；B58468 根据此信号判断准确的点火时刻，并由引脚 62 输出点火驱动信号到 B58290 的引脚 2，以进一步增加电流驱动能力；同时将信号反相后，由 B58290 的引脚 23 输出到点火模块 30023 的引脚 1；30023 的引脚 3 通过插脚 Pin1 控制外部点火线圈进行点火。

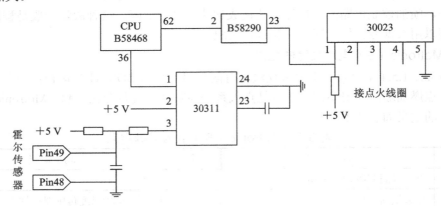

图 3-22　Motronic 1.5.4 电脑点火部分的电路原理图

Motronic 1.5.4 电脑出现不点火故障时，其检修过程如下：

(1) 给 Motronic 1.5.4 电脑正常加电(Pin18、Pin27、Pin37 接 12 V 电源，Pin2 接地)，用任意波形发生器模拟转速信号并加至电脑板的 Pin48、Pin49 脚。

(2) 用示波器检测 30311 的引脚 1，如无方波输出，检查 30311 的引脚 3 到电脑插脚的通路以及 30311 的周围附属电路；如 30311 的引脚 1 有方波输出，再检查 B58468 的引脚 36 有无方波，没有则说明 30311 的引脚 1 到 B58468 的引脚 36 之间有断路。

(3) 检查 B58468 的引脚 62 有无点火驱动信号，如没有，用示波器测量 27C512 的数据及地址引脚。此时应有数据交换信号，若没有则说明 CPU 损坏，应更换 B58468(需重写 Boot loader 程序)；若有信号则需重写 27C512 的程序。

2) 油泵不吸合故障的检修

图 3-23 为 Motronic 1.5.4 电脑油泵驱动部分的电路原理图。打开点火开关后，B58468 的引脚 67 输出低电平驱动信号；此信号经 B58290 两次驱动后由引脚 16 输出至 Pin3 使油泵吸合。

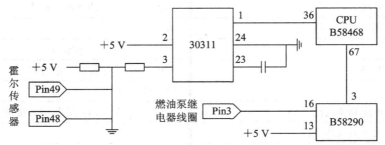

图 3-23　Motronic 1.5.4 电脑油泵驱动部分的电路原理图

油泵不吸合时，可按下列步骤检修：

(1) 首先按照上述方法给电脑板加电，并用任意波形发生器模拟转速信号加至电脑板的 Pin48、Pin49 脚。

(2) 测量 B58468 的引脚 67，测量结果应为低电平驱动信号，若没有则说明 CPU 损坏，请更换 CPU。

(3) 若上述电路没有问题，则测量 B58290 的引脚 16，测量结果应为低电平。如果不是，说明 B58290 及周围电路有故障；如果是，表明油泵控制电路工作正常，故障在电脑外部。

3) 空调继电器无法吸合故障的检修

图 3-24 为 Motronic 1.5.4 电脑空调部分的电路原理图。打开空调开关后，由 Pin41 送来高电平信号至 B57965 的引脚 11，反相后由引脚 10 输出至 CPU 的引脚 79；CPU 收到空调开关信号后由引脚 65 输出高电平到 B58290 的引脚 10，再由其引脚 15 输出低电平驱动信号使空调继电器吸合。

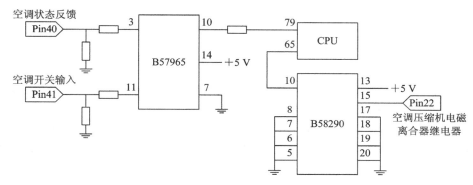

图 3-24　Motronic 1.5.4 电脑空调部分的电路原理图

空调继电器不吸合时，其检修过程如下：

(1) 给电脑板加电，将 Pin41 通过 10 kΩ 的电阻连至 +5 V 电位。

(2) 测量 B57965 的引脚 11，结果应为高电位信号。若不是，说明 Pin41 到 B57965 的引脚 11 之间断路。

(3) 测量 B57965 的引脚 10，结果应为低电平。若不是，检查 B57965 及其周围器件。

(4) 测量 B58468 的引脚 79，结果应为低电平。若不是，说明 B57965 的引脚 10 至 B58468 的引脚 79 之间断路。

(5) 测量 B58468 的引脚 65，结果应为高电位。若不是，请更换 B58468。

(6) 再测量 B58290 的引脚 10，结果应为高电位。若不是，说明 B58468 的引脚 65 至 B58290 的引脚 10 之间断路。

(7) 最后测量 B58290 的引脚 15，结果应为低电平。若不是，说明 B58290 或其周围器件损坏；若是则检查空调继电器电路。

5. SIEMENS 5WPx 电脑的故障检修

1) 不点火故障的检修

SIEMENS 5WPx 电脑点火部分的电路见图 3-25。凸轮轴位置信号由电脑插脚 Pin44 送至 74HC14D 的引脚 5，经反相后由 74HC14D 的引脚 6 输出至 CPU 的引脚 36；曲轴位置信号由电脑插脚 Pin67 送至 74HC14D 的引脚 11，反相后由 74HC14D 的引脚 10 输出至 CPU 的引脚 33；CPU 根据凸轮轴位置信号对点火时刻作出判断，然后由引脚 71 输出点火脉冲至 916741 的引脚 4；点火脉冲经过驱动放大后由 916741 的引脚 11 输出，再经电脑插脚 Pin7 送至点火模块。

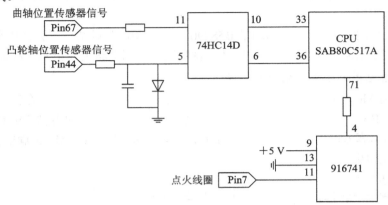

图 3-25 SIEMENS 5WPx 电脑点火部分的电路原理图

出现不点火故障时，可按如下方法检修：

(1) 将 ECU 单元正常加电：Pin1 接地，Pin23、Pin38 接+12 V 电位，并用任意波形信号发生器模拟曲轴信号及凸轮轴信号后分别加至 ECU 单元的 Pin67、Pin44。

(2) 检测 CPU 的引脚 33、36，应可测到 60 缺 2 的均匀方波信号。如果测不到，检查 74HC14D 至 ECU 插脚之间的连线、74HC14D 至 CPU 之间的连线、74HC14D 及其周围电路。

(3) 如果能在 CPU 的引脚 33、36 测到 60 缺 2 的方波信号，则再测量 CPU 的引脚 71 有无点火脉冲输出。若没有，说明 CPU 及逻辑电路部分有问题。

2) 不喷油故障的检修

SIEMENS 5WPx 电脑喷油部分的电路见图 3-26。CPU 的数据总线 D_0 输出的控制信号经 74HC377D 锁存后送至 100904C 的引脚 5，使 100904C 启动，从而进入工作状态。喷油信号由 CPU 的引脚 1、2、3、5 输送至 100904C 的引脚 1、3、13、15，经驱动放大后由 100904C 的引脚 2、4、12、14 输出，并经电脑的 Pin48、Pin46、Pin2、Pin47 送至 4 个喷油嘴控制端。100904C 的引脚 7、11 输出喷油反馈信号至 CPU 的引脚 21、61。应将 100904C 的引脚 9 与 CPU 的引脚 10(复位信号)相连，可避免上电复位期间喷油嘴发生误动作。

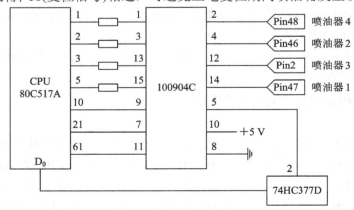

图 3-26 SIEMENS 5WPx 电脑喷油部分的电路原理图

出现不喷油故障时，可按如下方法检修：

(1) 测量 CPU 的引脚 1、2、3、5 有无喷油脉冲，如果没有，应更换 CPU。

(2) 如波形正常，则在 Pin48、Pin46、Pin2、Pin47 外部加上感性负载，然后测量 100904C 的引脚 2、4、12、14 有无正常的喷油信号。如果没有，说明 100904C 损坏或 100904C 至 CPU 之间的通道断路。

第4章

车载网络系统简介

4.1 概　　述

4.1.1 车载网络的发展史

随着车用电气设备越来越多，从发动机控制到传动系统控制，从行驶、制动、转向系统控制到安全保证系统及仪表报警系统控制，使汽车电气系统形成一个复杂的系统，并且都集中在驾驶室控制，汽车新技术的发展应用与汽车线束急剧增加的矛盾越来越突出。为解决以上问题，车载网络(也称数据传输总线)应运而生，且使得汽车电控系统发生了巨大的变化。

车载电控系统经历了中央电脑集中控制、多电脑分散控制和网络控制三个阶段，如图4-1所示。

(a) 中央电脑集中控制　　　　　　(b) 多电脑分散控制　　　　　　(c) 网络控制

图 4-1　汽车电控系统的发展

1. 汽车数据传输总线的简介

所谓数据传输总线，就是指在一条数据线上传递的信号可以被多个系统共享，从而最大限度地提高系统的整体效率，充分利用有限的资源。例如，常见的电脑键盘有104位键，可以发出一百多个不同的指令，但键盘与主机之间的数据连接线却只有7根，键盘正是依靠这7根数据连接线上不同的数字电压信号组合(编码信号)来传递按键信息的。如果把这种方式应用在汽车电气系统上，就可以大大简化汽车电路。可以使用不同的编码信号来表示不同的开关动作，信号解码后，根据指令接通或断开对应的用电设备。这样，就能将过去一线一用的专线制改为一线多用制，从而大大减少汽车上电线的数目，缩小线束的直径，同时加速汽车智能化的发展。

汽车上传统的信息传递方式采用的是并行数据传输方式，每项信息需独立的数据线来完成，即有几个信号就要有几条信号传输线。例如，宝来轿车发动机的电控单元 J_{220} 与自动变速器的电控单元 J_{217} 之间就需要 5 条信号传输线，如图 4-2 所示。如果传递的信号项目越多，则需要的信号传输线越多。采用传输总线后，只需要 1 根或 2 根传输线即可，如图 4-3 所示。

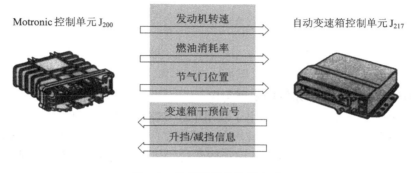

图 4-2　传统的信号传递方式

图 4-3　数字总线的信号传递方式

数据总线系统上并联有多个元件，这就要求整个系统应满足以下要求：

(1) 可靠性高：传输故障(无论是由内部还是外部引起的)应能准确识别出来。

(2) 使用方便：如果某一控制单元出现故障，其余系统应尽可能保持原有功能，以便进行信息交换。

(3) 数据密度大：所有控制单元在任一瞬时的信息状态均相同，这样可使得两控制单元之间不会有数据偏差。如果系统的某一处有故障，那么总线上所有连接的元件都会得到通知。

(4) 数据传输快：连成网络的各元件之间的数据传输速率必须很快，这样才能满足实时要求。

采用总线传输(多路传输)的优点如下：

(1) 简化线束：减少重量，减少成本，减少尺寸，减少连接器的数量。如图 4-4 所示，同一款车在同等配置下，采用车载网络可以大大简化汽车线束。

(2) 可以进行设备之间的通信，丰富了控制功能。

(3) 通过信息共享以减少传感器信号的重复数量。

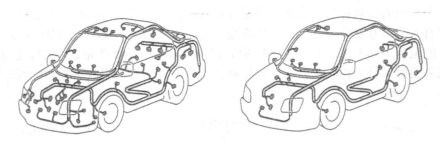

   (a) 传统线束   (b) 采用车载网络后的线束

图 4-4　线束对比

2. 国内外多路总线传输系统的发展简史

- 早在 1968 年，艾塞库斯就提出了利用单线多路传输信号的构想。

- 在 1983 年，丰田公司在世纪牌汽车上采用了应用光缆的车门控制系统。

- 从 1986 年起，在车身系统上装用了铜线传输媒介的网络，并在日产和通用公司汽车的控制系统中得到应用。

- 20 世纪 80 年代末，博世公司和英特尔公司研制了专门用于汽车电气系统的总线——控制器局域网(Controller Area Network)规范，简称 CAN。接着，美国汽车工程师学会(SAE)提出了 J1850 通信协议规范。

- 20 世纪 90 年代，由于集成电路技术和电子器件制造技术的迅速发展，用廉价的单片机作为总线的接口端、采用总线技术布线也逐渐进入了实用化阶段。

- 随着汽车电子技术的发展，欧洲提出了控制系统的新协议 TTP(Time Triggered Protocol)。

- 随着汽车信息系统对网络传输信息量要求的不断提高，先后提出了 D2B 协议和 MOST 协议。

- 2000 年后，随着车载网络的进一步细分，低端 LIN 网络产生。

  一些厂家和公司也对汽车多路总线传输制订了进一步的标准，各大公司还在不断推出新的总线形式及相关标准，具体如表 4-1 所示。几种网络的成本比例及通信速度如图 4-5 所示。

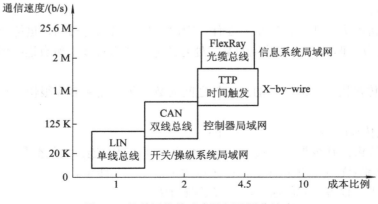

图 4-5　几种网络的成本比例及通信速度

表 4-1　主要车载网络的基本情况

车载网络的名称	概　　要	通信速度/(b/s)
CAN(Controller Area Network)	车身/动力传动系统控制用 LAN 协议，可能成为世界标准	1 M
VAN(Vehicle Area Network)	车身系统控制用 LAN 协议，以法国为中心	1 M
J1850	车身系统控制用 LAN 协议，以美国为中心	41.6 k
LIN(Local Interconnect Network)	车身系统控制用 LAN 协议，低端子系统专用	20 k
Byteflight	按用途分类的控制用 LAN 协议，通过时分多路复用，由 BMW 联合 Motorola 等公司开发，应用在安全气囊系统，采用塑料光纤	10 M
FlexRay	按用途分类的控制用 LAN 协议，能够兼容多种网络拓扑，容错能力更强	5 M
D2B(Domestic Digital Bus)/Optical	音频系统通信协议，将 D2B 作为音频系统总线采用光通信，飞利浦主导开发	5.6 M
MOST(Media Oriented System Transport)	信息系统通信协议，以欧洲为中心	22.5 M

4.1.2　车载网络的常用术语

1. 模块/节点

模块是一种电子装置，在计算机多路传输系统中的控制单元被称为模块或节点。一般来说，普通传感器是不能作为多路传输系统的节点的。如果传感器要想成为一个模块/节点，则该传感器必须具备支持多路传输功能的电控单元，例如大众车系的转角传感器。

2. 局域网的拓扑结构

所谓拓扑结构就是网络的物理连接方式。局域网的常用拓扑结构有三种：星型、环型、总线型。

(1) 星型网络结构。星型网络即以一台称之为中央处理机的电控单元为主组成的网络，各入网机均与该中央处理器由物理链路直接相连，因此，所有的网上传输信息均需通过该主机转发，其结构如图 4-6 所示。

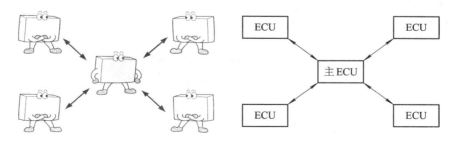

图 4-6　星型网络结构

(2) 环型网络结构。环型网络即通过转发器将每台入网计算机接入网络,每个转发器与相邻两台转发器用物理链路相连,所有转发器组成一个拓扑为环的网络系统,如图 4-7 所示。

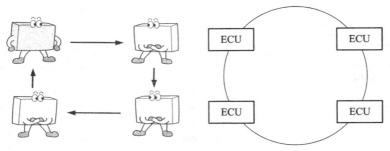

图 4-7　环型网络结构

环型网络结构的特点:实时性较高,传输控制机制较为简单,但一个节点出故障可能会终止全网运行,可靠性较差,网络扩充调整较为复杂。

(3) 总线型网络结构。总线型网络即所有入网计算机通过分接头接入一条传输线上,如图 4-8 所示。

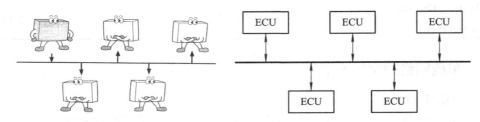

图 4-8　总线型网络结构

总线型网络结构的特点:信道利用率较高,但网络延伸距离有限,网络容纳的节点数有限(受信道访问机制影响)。它适用于传输距离较短、地域有限的组网环境。目前,车载局域网多采用此种方式。

3. 链路(传输媒体)

链路指网络信息传输的媒体,分为有线和无线两种类型,目前车上使用的大多数都是有线网络。通常用于局域网的传输媒体有:双绞线、同轴电缆和光纤。

(1) 双绞线。如图 4-9 所示,双绞线是局域网中最普通的传输媒体,一般用于低速传输,其最大传输速率可达几 Mb/s。双绞线的成本较低,传输距离较近,非常适合汽车网络的情况,也是汽车网络使用最多的传输媒体。

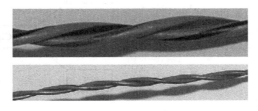

图 4-9　双绞线

(2) 同轴电缆。如图 4-10 所示，同轴电缆可以满足较高性能的传输要求，连接较多的网络节点，跨越更大的距离。

图 4-10　同轴电缆

(3) 光纤。光纤在电磁兼容性等方面有独特的优点：数据传输速率高，传输距离远。在车载网络上，特别在一些要求传输速度快的车上网络(如车上信息与多媒体网络)上，光纤有很好的应用前景，但受到成本和技术的限制，现在使用得并不多。最常用的光纤是塑料光纤和玻璃纤维光纤，在汽车上多用塑料光纤，如图 4-11 所示。

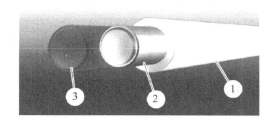

1—包装层；2—粘合层(外壳/包层)；3—光纤
图 4-11　塑料光缆

与玻璃纤维光缆相比，塑料光缆具有以下优点：

① 光纤横断面较大。因为光纤横断面较大，所以生产时光纤的定位没有太大的技术问题。

② 对灰尘敏感度低。即使非常小心，灰尘也可能落到光纤表面上并由此而改变光束的入射/发射功率。对于塑料光纤，细微的污物不一定会导致传输距离故障。

③ 操作简单。例如，约 1 mm 厚的光纤芯操作起来比约 62.5 μm 厚的玻璃纤维光纤芯还要容易一些。与玻璃纤维光缆相比，其操作处理要简单得多。注意：玻璃纤维易折断，塑料则不易折断。

④ 加工制作简单。与玻璃纤维光缆相比，BMW 使用的甲基丙烯酸甲酯 PMMA 在切割、打磨或熔化上相对简单，这在导线束制造以及在进行售后服务维修时具有较大的优势。

4．数据帧

为了可靠地传输数据，通常将原始数据分割成一定长度的数据单元，此数据单元又称为数据帧。一帧数据内应包括同步信号(起始与终止)、错误控制、流量控制、控制信息、数据信息、寻址信息等。

5．传输协议

传输协议也称通信协议，是控制通信实体间有效完成信息交换的一组约定和规则。换句话说，要想交流成功，通信双方必须"说同样的语言"(如相同的语法规则和语速等)。

(1) 协议包括如下三要素：

① 语法：确定通信双方之间"如何讲"，即通信信息帧的格式。

② 语义：确定通信双方之间"讲什么"，即通信信息帧的数据和控制信息。

③ 定时规则：确定事件传输的顺序以及匹配速度。

(2) 协议的功能如下：

① 差错监测和纠正：面向通信传输的协议常使用"应答—重发"和通信校验进行差错的检测和纠正工作。一般来说，协议中对异常情况的处理说明要占很大的比重。

② 分块和重装：为符合协议的格式要求，需要对数据进行加工处理。分块操作将大的数据划分成若干小块，如将报文划分成几个子报文组；重装操作则是将划分的小块数据重新组合复原，例如将几个子报文组还原成报文。

③ 排序：对发送的数据进行编号以标识它们的顺序。通过排序，可以达到按序传递、信息流控制和差错控制等目的。

④ 流量控制：通过限制所发送的数据量或速率，以防止在信道中出现堵塞现象。

6．传输仲裁

当出现数个使用者同时申请利用总线发送信息时，会发生数据传输冲突。这好比同时有两个或者多个人想要过独木桥一样。传输仲裁可以避免数据传输冲突，保证信息按其重要程度来发送。

4.1.3　车载网络分类和协议标准

国际上众多的知名汽车公司早在 20 世纪 80 年代就积极致力于汽车网络技术的研究及应用了，迄今为止，已有多种网络标准。目前存在的多种汽车网络标准，其侧重的功能有所不同。

按照系统的信息量、响应速度、可靠性等要求可将车载网络系统分为 A 级、B 级、C 级、D 级四类。

A 级是面向传感器/执行器控制的低速网络，数据传输位速率通常小于 20 Kb/s，主要用于天窗、雨刮、空调、照明等控制；B 级是面向独立模块间数据共享的中低速网络，速率为 30 Kb/s～125 Kb/s，主要应用于车身电子舒适性模块、仪表显示等系统；C 级是面向实时性控制的中高速网络，速率在 125 Kb/s～1 Mb/s 之间，主要用于牵引控制、发动机、自动变速器、ABS 等系统；D 级是面向媒体传输的高速网络，速率在 1 Mb/s 以上，主要应用于导航、车载音响、车载电话等信息娱乐系统。

在现在的汽车中，车身和舒适性控制模块作为一种典型应用，都连接到 CAN 总线上，并借助于 LIN 总线进行外围设备控制。而汽车高速控制系统，通常会使用高速 CAN 总线连接在一起。远程信息处理和多媒体连接需要高速互连，视频传输又需要同步数据流格式，这些都可由 DDB(Domestic Digital Bus)或 MOST(Media Oriented System Transport)协议来实现。无线通信则通过 Bluetooth 技术加以实现。

但是，至今仍没有一个通信网络可以完全满足未来汽车对成本和性能的所有要求。因此，汽车制造商和 OEM(Original Equipment Manufacture)商仍将继续采用多种协议(包括 LIN、CAN 和 MOST 等)，以实现未来汽车上的联网信息传递。

4.2 汽车对通信网络的要求及通信网络的应用

4.2.1 汽车对通信网络的要求

连接到车载网络的各个 ECU 按需要从总线上接收最新的信息以操纵执行器。例如，匹配发动机转速传感器的 ECU(EFI)，将发动机转速数据连续馈送至总线；另一方面，其他几个需要发动机转速数据的 ECU，只需从总线上接收发动机转速数据即可。对于接收 ECU，它接收到的最新数据为现行数据。在实际的实施中，每当 ECU 接收到数据，就将这些数据存储在 RAM 区，并将这些数据按各自的类型赋值，因此，RAM 总有一个最近更新的数据复制并存储在其中，再通过对这些数据的应用，使 ECU 获取最新的数据。

汽车内 ECU 之间的数据传输频率是变化的。在一个完善的汽车电子控制系统中，许多动态信息必须与车速同步。为了满足各子系统的实时性要求，有必要对汽车公共数据实行共享，如发动机转速、车轮转速、加速踏板位置等。但每个控制单元对实时性的要求因数据的更新速率和控制周期不同而不同。例如，一个 8 缸柴油机运行在 2400 r/min，则电控单元控制两次喷射柴油的时间间隔为 6.25 ms。其中，喷射持续时间为 30°的曲轴转角(2 ms)，而在 4 ms 内需完成转速测量、油量测量、A/D 转换、工况计算、执行器的控制等一系列过程。这就意味着数据发送与接收必须在 1 ms 内完成，才能达到发动机电控的实时性要求。这就要求其数据交换网是基于优先权竞争的模式，且本身具有极高的通信速率，CAN 现场总线正是为满足这些要求而设计的。不同参数应具有不同的通信优先权，表 4-2 列出了几个典型参数的允许响应时间。

表 4-2 典型参数的允许响应时间

典型参数	允许响应时间
发动机喷油量	10 ms
发动机转速	300 ms
车轮转速	1 s～100 s
进气温度	20 s
冷却液温度	1 min
燃油温度	10 min

4.2.2 车用局域网系统的应用与形式

车用网络大致可以分为四个系统：动力传动系统、车身系统、安全系统、信息系统，如图 4-12 所示。

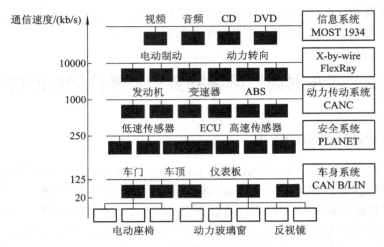

图 4-12　车载网络的应用等级

1. 动力传动系统

在动力传动系统内，利用网络将发动机舱内设置的模块连接起来，而在将汽车的主要因素——跑、停止与拐弯这些功能用网络连接起来时，则需要高速网络。动力传动系统模块的位置比较集中，固定在一处。从欧洲汽车厂家的示例来看，节点的数量也是有限制的。

动力 CAN 数据总线连接了三块电脑，它们是发动机、ABS 及自动变速器电脑(动力 CAN 数据总线实际可以连接安全气囊、四轮驱动与组合仪表等电脑)。总线可以同时传递 10 组数据(发动机电脑 5 组、ABS 电脑 3 组和自动变速器电脑 2 组)。数据总线以 500 Kb/s 的速率传递数据，每一数据组传递大约需要 0.25 ms，每一电控单元则是 7 ms～20 ms 发送一次数据。发送数据时的优先权顺序为 ABS 电控单元、发动机电控单元、自动变速器电控单元。

在动力传动系统中，数据传递应尽可能快速，以便及时利用数据，所以需要一个高性能的发送器。高速发送器会加快点火系统间的数据传递，这样使接收到的数据能立即应用到下一个点火脉冲中去。CAN 数据总线连接点通常置于控制单元外部的线束中，在特殊情况下，连接点也可以设在发动机的电控单元内部。

2. 车身系统

与动力传动系统相比，汽车上的各处都配置有车身系统的部件。因此，线束变长，传输容易受到干扰的影响。作为防干扰的措施是尽量降低通信速度。因为节点的数量增加了，所以通信速度没有什么问题。在车身系统中，因为担负着人机接口作用的模块、节点的数量增加，所以，与性能(通信速度)相比，更倾向于注重成本，对此，人们正在摸索更廉价的解决方法。目前常常采用直连总线及辅助总线。

舒适 CAN 数据总线连接了五块控制单元，包括中央控制单元及四个车门的控制单元。舒适 CAN 数据传递有五个功能：中央门锁、电动窗、照明开关、后视镜加热及自诊断功能。控制单元的各条传输线以星状形式汇聚到一点。这样做的好处是，如果一个控制单元发生故障，其他控制单元仍可发送各自的数据。

该系统使得经过车门的导线数量减少，线路变得简单。如果线路中某处出现对地短路、对正极短路或线路间短路，CAN 系统会立即转为应急模式运行或转为单线模式运行。四个车门控制单元都是由中央控制单元控制的，只需较少的自诊断线即可。

数据总线以 62.5 kb/s 的速率传递数据，每一组数据的传递大约需要 1 ms，每个电控单元每 20 ms 发送一次数据。优先权顺序为：中央控制单元、驾驶员侧车门控制单元、前排乘客侧车门控制单元、左后车门控制单元、右后车门控制单元。由于舒适系统中的数据可以用较低的速率传递，所以其发送器的性能比动力传动系统发送器的性能低。

除上述所介绍的系统之外，还有面向 21 世纪的控制系统、高速车身系统及主干网络等。这就意味着将会有不同的网络并存，因此要求网络之间可以互相连接，也可以断开。为了实现即插即用，所以将各个局域网与总线相连，并根据汽车的平台选择、建立所需要的网络。典型的车用网络如图 4-13 所示。

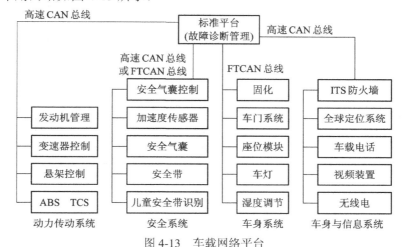

图 4-13　车载网络平台

4.2.3　网关

由于电压电平和电阻配置不同，所以在不同类型的数据总线之间无法进行直接耦合连接。另外，各种数据总线的传输速率是不同的，这决定了它们无法使用相同的信号。因此需要在这两个系统之间完成一个转换。这个转换过程是通过所谓的网关(Gateway)来实现的。可以用火车站作为例子来清楚地说明网关的原理，如图 4-14 所示。铁轨上有两列不同车速和不同运行路线的列车，如果乘客需要换车的话，必须使两列车能停靠到同一车站才能实现。其原理与 CAN 驱动数据总线和 CAN 舒适/信息数据总线两系统网络的网关功能是相似的。因此，网关的主要任务是使两个功能和速度不同的网络系统之间能进行信息交换。

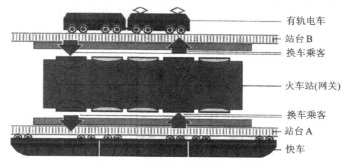

图 4-14　网关的工作原理示意图

　　根据车辆的不同，网关可以安装在组合仪表内、车上供电控制单元内或在自己的网关控制单元内。由于通过各种数据传输总线的所有信息都供网关使用，所以网关也可用作诊断接口。过去，通过 K 线来查询诊断信息；现在，很多车型通过数据传输总线和诊断线来完成诊断查询工作，如图 4-15 所示。

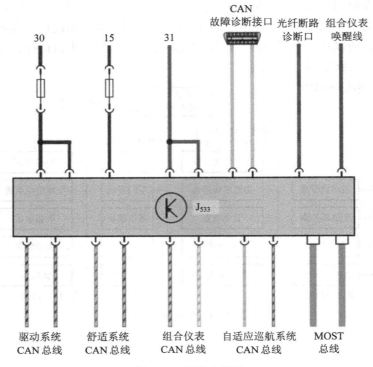

图 4-15　网关电路图

　　总之，车载网络网关的主要作用如下：

　　(1) 作为诊断网关。在不改变数据的情况下，将驱动总线、舒适总线、信息娱乐总线的诊断信息传递到 K 线。

　　(2) 作为数据网关。使连接在不同数据总线上的控制单元能够交换数据。

　　(3) 另外，网关还具有改变信息优先级的功能。如车辆发生相撞事故，气囊控制单元会发出负加速度传感器的信号。这个信号的优先级在驱动系统中是非常高的，但转到舒适系统后，网关会调低它的优先级，因为它在舒适系统中的功能只是打开门和灯。

CAN 总线传输系统

5.1　CAN 总线的传输原理

数据传输总线中的数据传递就像一个电话会议：一个电话用户(控制单元)将数据"讲"入网络中，其他用户通过网络"接听"这个数据。对这个数据感兴趣的用户就会利用数据，而其他用户则选择忽略，如图 5-1 所示。

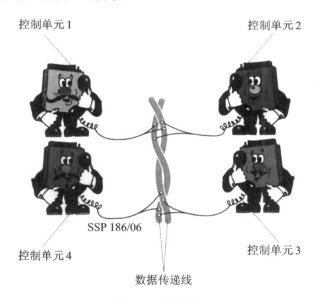

图 5-1　电话会议

数据传输总线是车内电子装置中的一个独立系统，用于在连接的控制单元之间进行信息交换。由于自身的布置和结构特点，数据传输总线工作时的可靠性很高。

如果数据传输总线系统出现故障，故障就会存入相应的控制单元的故障存储器内，然后可以用诊断仪读出这些故障。控制单元拥有自诊断功能，通过自诊断功能，人们可识别出与数据传输总线相关的故障。用诊断仪读出数据传输总线的故障记录后，可按这些信息准确地查寻故障。控制单元内的故障记录不仅可用于初步确定故障,还可用于读出排除故障后的无故障说明。

数据传输总线正常工作的一个重要前提条件是:车在任何工况均不应有数据传输总线故障记录。为了能够确定及排除故障,就需要了解数据传输总线上的数据交换基本原理。

基本车载网络系统由多个控制单元组成,这些控制单元通过所谓的收发器(发射—接收放大器)并联在总线导线上。所有控制单元的地位均相同,没有哪个控制单元有特权,如图5-2 所示。

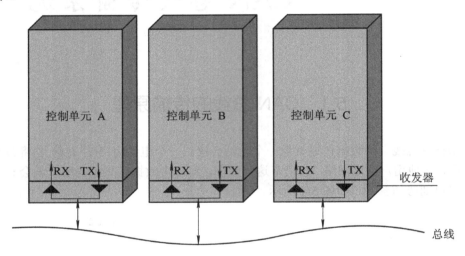

图 5-2 基本车载网络系统的总线连接示意图

1. 信息交换

用于交换的数据称为信息,每个控制单元均可发送和接收信息。用二进制值(一系列 0 和 1)来表示信息,其中包含着要传递的物理量,例如:1800 转/分的发动机转速可表示成 00010101,如图 5-3 所示。二进制数据流也称为比特流。

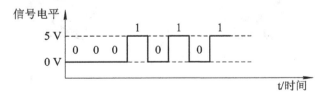

图 5-3 二进制数据流

在发送过程中,二进制值先被转换成连续的比特流;该比特流通过 TX 线(发送线)到达收发器(放大器);收发器将比特流转化成相应的电压值;最后这些电压值按时间顺序依次被传送到数据传输总线的导线上。

在接收过程中,这些电压值经收发器又转换成比特流,再经 RX 线(接收线)传至控制单元;控制单元将这些二进制连续值转换成信息,例如:00010101 这个值又被转换成 1800 转/分,如图 5-4 所示。

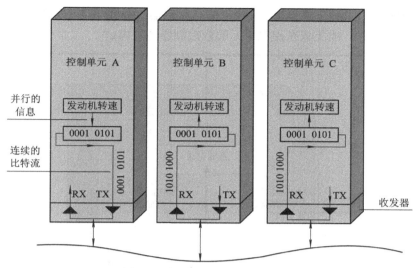

图 5-4　车载网络系统的数据传输

2. 功能元件

(1) 控制单元。控制单元接收来自传感器的信号，将其处理后再控制执行元件，同时根据需要将传感器信息通过 CAN 发送给其他控制单元，如图 5-5 所示。控制单元中的重要构件有：CPU、CAN 控制器和 CAN 收发器，另外还包括输入/输出存储器和程序存储器。

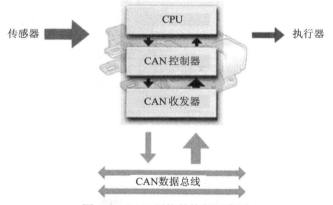

图 5-5　CAN 网络的构架示意图

带有 CAN 收发功能的控制单元的内部结构如图 5-6 所示。控制单元接收到的传感器值(如发动机温度或转速)会被定期查询并按顺序存入输入存储器。存储器内的传感器数据会被 CPU 运算处理，然后存入到输出存储器，以执行控制功能。

现在，由于电控单元通过 CAN 控制器实现了网络传输，因此，CAN 网络也成为了电控单元的输入信息来源。同时，CAN 网络也成为了电控单元的信息输出对象。

微控制器按事先规定好的程序来处理输入值，处理后的结果存入相应的输出存储器内，然后发送给各个执行元件。为了能够处理数据传输总线信息，各控制单元内还有一个数据传输总线存储区，用于容纳接收到的和要发送的信息。

(2) 数据传输总线构件。数据传输总线构件用于数据交换，它分为两个区，一个是接收区，一个是发送区，如图 5-6 所示。

数据传输总线构件通过接收邮箱(接收信息存储器)或发送邮箱(发送信息存储器)与控制单元相连。该构件一般集成在控制单元的微控制器芯片内。

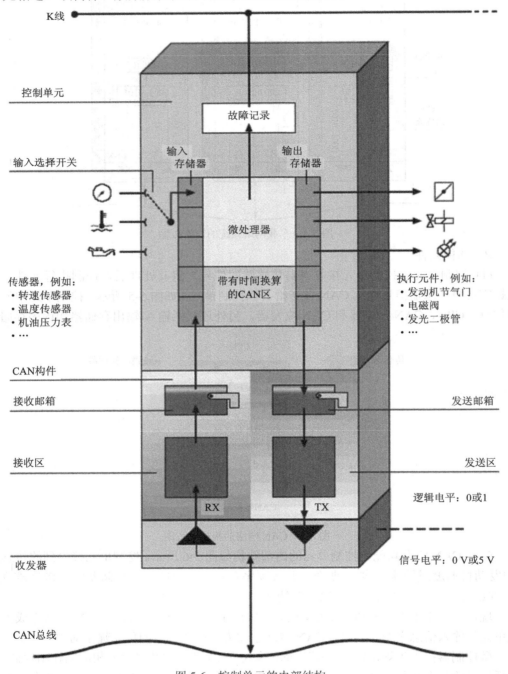

图 5-6　控制单元的内部结构

(3) 收发器。收发器就是一个发送/接收放大器。其中，发送器把数据传输总线构件上连续的比特流(逻辑电平)转换成电压值(线路传输电平)，这个电压值适合铜导线上的数据传输；接收器则把电压信号转换成连接的比特流，这种比特流适合 CPU 处理。

收发器通过 TX 线(发送导线)或 RX 线(接收导线)与数据传输总线构件相连，如 5-7 所示。RX 线通过一个放大器直接与数据传输总线相连，总在监听总线信号。

发送器的特点是 TX 线与总线的耦合，如图 5-8 所示。这个耦合过程是通过一个断路式集流器电路来实现的，因此，总线导线上就会出现如下两种状态。

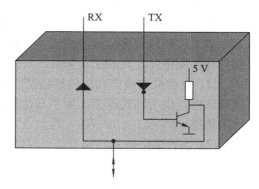

图 5-7　与 TX 线耦合的收发器

- 状态 1：截止状态,晶体管截止(开关未接合)；
  无　源：总线电平＝1，电阻高。
- 状态 0：接通状态,晶体管导通(开关已接合)；
  有　源：总线电平＝0，电阻低。

如图 5-9 所示，假设有三个收发器耦合在一根总线导线上，若开关未接合表示 1(无源)，开关已接合表示 0(有源)，则收发器 C 有源，收发器 A 和 B 无源。工作过程如下：

(1) 如果某一开关已接合，电阻上就有电流流过，于是总线导线上的电压为 0 V。

(2) 如果所有开关均未接合，那么就没有电流流过，电阻上就没有压降，于是总线导线上的电压为 5 V。

按照图 5-9 所示连接方式,三个收发器连接在 CAN 总线上的工作状态表如表 5-1 所示。

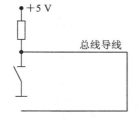

图 5-8　总线状态的开关示意

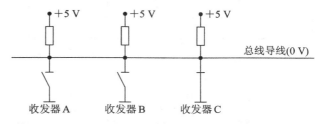

图 5-9　三个收发器耦合在一根总线导线上

表 5-1　三个收发器和总线状态的对应关系表

控制器 A	控制器 B	控制器 C	总线状态(电压)
1	1	1	1 (5 V)
1	1	0	0 (0 V)
1	0	1	0 (0 V)
1	0	0	0 (0 V)
0	1	1	0 (0 V)
0	1	0	0 (0 V)
0	0	1	0 (0 V)
0	0	0	0 (0 V)

因此，如果总线处于状态 1(无源)，那么此状态可以由某一个控制单元使用状态 0(有源)来改写。我们将无源的总线电平称为隐性的，有源的总线电平称为显性的。

3. CAN 总线的数据传输过程

1) 发送过程

下面以转速传感器信息的交换过程为例，阐述数据传递的时间顺序以及数据传输总线构件与控制单元之间的配合关系，具体发送过程如图 5-10 所示，其工作过程如下：

(1) 发动机控制单元的传感器接收到转速值。该值以固定的周期到达微控制器的输入存储器内。由于该转速值还用于其他控制单元，如组合仪表，所以该值应通过数据传输总线来传递。

(2) 该转速值被复制到发动机控制单元的发送存储器内。

(3) 该信息从发送存储器进入数据传输总线构件的发送邮箱内。如果发送邮箱内有一个实时值，那么该值会由发送特征位(举起的小旗示意有传输任务)显示出来。将发送任务委托给数据传输总线构件后，发动机控制单元就完成了此过程中的任务。

(4) 发动机转速值按协议被转换成数据传输总线的特殊格式，如图 5-11 所示。

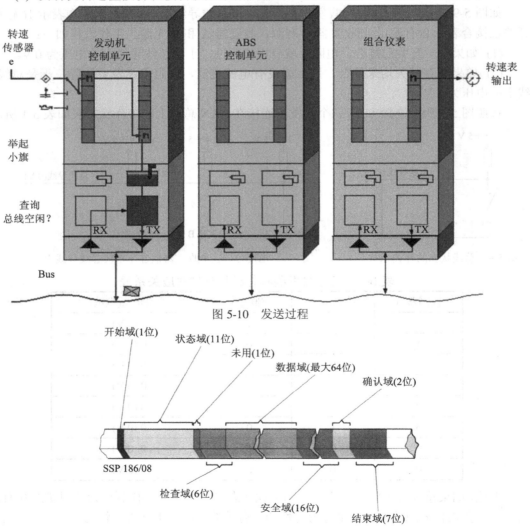

图 5-10 发送过程

图 5-11 数据总线传输的信息格式

(5)　数据传输总线构件通过 RX 线来检查总线是否有源(是否正在交换别的信息)，如图 5-12 所示，必要时会等待，直至总线空闲下来为止。如果总线空闲下来，发动机信息就会被发送出去。

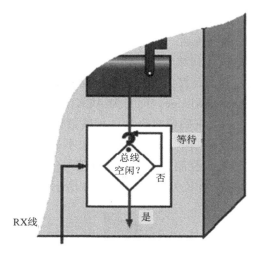

图 5-12　总线空闲查询

2) 接收过程

信息接收过程分为两步，如图 5-13 所示：

第一步：检查信息是否正确(在监控层)；

第二步：检查信息是否可用(在接收层)。

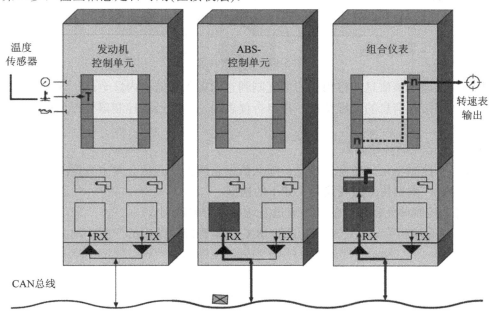

图 5-13　信息接收过程

(1) 信息接收。连接的所有装置都接收发动机控制单元发送的信息。该信息通过 RX 线到达数据传输总线构件各自的接收区。

(2) 信息校验。接收器接收发动机的所有信息，并且在相应的监控层检查这些信息是否正确。这样就可以识别出在某种情况下某一控制单元上出现的局部故障。所有连接的装置都接收发动机控制单元发送的信息，可以通过监控层内的 CRC 校验和数来确定是否有传递错误。CRC 是 Cycling Redundancy Check 的缩写，意思是"循环冗余码校验"。在发送每个信息时，所有数据位会产生并传递一个 16 位的校验和数。接收器按同样的规则从所有已经接收到的数据位中计算出校验和数。随后接收到的校验和数与计算出的校验和数进行比较。如果确定无传递错误，那么连接的所有装置会给发射器一个确认回答，这个回答就是所谓的"信息收到符号"(Acknowledge，简写为 ACK)，它位于校验和数后。

(3) 信息接收。已接收到的正确信息会到达相关数据传输总线构件的接收区。在那里来决定该信息是否用于完成各控制单元的功能。如果不是，该信息就被拒收；如果是，该信息就会进入相应的接收邮箱。控制单元根据接收信号(升起的"接收小旗")就会知道：现在有一个信息(如转速)在排队等待处理，如图 5-14 所示。

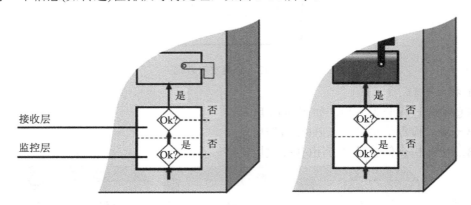

图 5-14   信息接收判断

组合仪表调出该信息并将相应的值复制到它的输入存储器内。至此，通过数据传输总线构件发送和接收信息的过程结束。在组合仪表内，转速经微控制器处理后控制转速表显示相应的转速。

3) CAN 总线的传输仲裁

如果多个控制单元同时发送信息，那么数据总线上就必然会发生数据冲突。为了避免发生这种情况，数据传输总线采用了如下的措施：

(1) 每个控制单元在发送信息时通过发送标识符来识别。

(2) 所有的控制单元都是通过各自的 RX 线来跟踪总线上的一举一动并获知总线的状态的。

(3) 每个发射器将 TX 线和 RX 线的状态一位一位地进行比较。

(4) 数据传输总线的调整规则：用标识符中位于前部的"0"的个数代表信息的重要程度，从而就可保证按重要程度的顺序来发送信息。

越早出现"1"的控制单元，越早退出发送状态，而转至接收状态，如图 5-15 所示，这种方法称为仲裁。仲裁规则是标识符中的号码越小，该信息越重要。

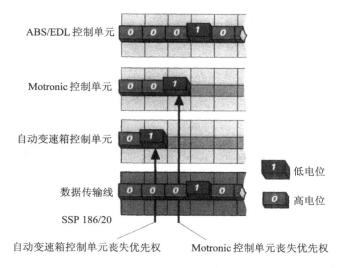

图 5-15　避免数据冲突的仲裁过程

5.2　CAN 总线的特点

CAN 总线已经成为主流车载网络协议，广泛应用在各大主流车系中，如大众、奥迪、奔驰、宝马、雪铁龙、通用、日产、丰田、本田等。

1．CAN 总线的应用状态

现在轿车上大多使用两种 CAN 总线，一种是低速 CAN 总线，传输速率为 100 Kb/s；另一种是高速 CAN 总线，传输速率是 500 Kb/s。通过网关，低速 CAN 总线可以与高速 CAN 总线进行数据交换。两种 CAN 总线系统的应用状态的区别如下：

(1) 高速 CAN 数据总线通过点火开关切断，或经过短时无载运行后切断；而低速 CAN 数据总线由常火线供电且必须保持随时可用状态。

(2) 为了尽可能降低对供电网产生的负荷，在点火开关关闭后，若系统不再需要低速数据总线，那么低速数据总线就进入所谓的"休眠模式"。

(3) 低速 CAN 数据总线在某条数据线短路，或某条 CAN 线断路时，可以用另一条线继续工作，这时会自动切换到"单线工作模式"。

(4) 高速 CAN 数据总线的电信号与低速 CAN 数据总线的电信号不同。

2．CAN 总线的链路

CAN 总线是一种双线式数据总线，各个 CAN 系统的所有控制单元都并联在 CAN 数据总线上。CAN 数据总线的两条导线分别叫 CAN-High 和 CAN-Low 线。两条扭绞在一起的导线称为双绞线，控制单元之间的数据交换就是通过这两条导线来完成的。

(1) 双绞线的铰接式连接。对于设备配置相对比较低端的车型，低速 CAN 数据总线和高速 CAN 数据总线连接的电控单元相对较少，CAN 双绞线一般采用铰接式连接，即所有相同系统的 CAN-H 线集中铰接为一个中心接点，所有相同系统的 CAN-L 线集中铰接为一个中心接点，如图 5-16 所示，其在线束中的实物连接如图 5-17 所示。

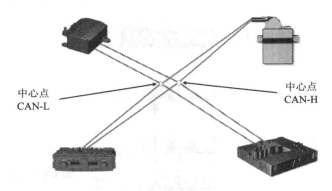

图 5-16　CAN 总线的连接

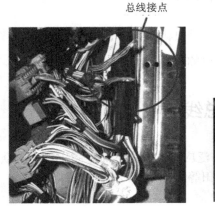

图 5-17　　CAN 总线的连接实物

(2) 双绞线的插座式连接。对于设备配置相对比较高端的车型，低速 CAN 数据总线和高速 CAN 数据总线连接的电控单元比较多。CAN 双绞线一般采用插座式连接，例如在 Audi A8 的 03 年型车中采用了两个 CAN 总线连接插头。连接插头分别构成了舒适系统 CAN 总线(低速)及驱动系统 CAN 总线(高速)的中央结点。各总线系统下的所有控制单元的 CAN 线均被连接到连接插座上，如图 5-18 所示。连接插头的功能电路如图 5-19 所示。

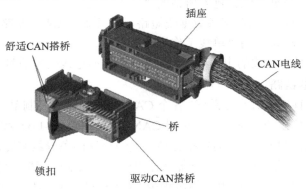

图 5-18　CAN 插座连接的结构图

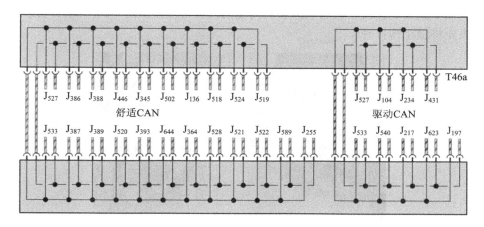

J_{104}—配有 EDS 的 ABS 控制单元；　　　　J_{136}—带有记忆的座椅调整控制单元；

J_{197}—自动水平调节装置控制单元；　　　　J_{217}—自动变速箱控制单元；

J_{234}—气囊控制单元；　　　　　　　　　　J_{255}—自动空调装置控制单元；

J_{345}—挂车识别控制单元；　　　　　　　　J_{364}—辅助加热系统控制单元；

J_{386}—车门控制单元(驾驶员侧)；　　　　　J_{387}—车门控制单元(附驾驶员侧)；

J_{388}—车门控制单元(后座左侧)；　　　　　J_{389}—车门控制单元(后座右侧)；

J_{393}—舒适系统控制单元；　　　　　　　　J_{431}—灯光距离调节装置控制单元；

J_{446}—辅助停车装置控制单元；　　　　　　J_{502}—轮胎压力检测控制单元；

J_{518}—进入和启动许可装置控制单元；　　　J_{519}—电力驱动控制单元；

J_{520}—电力驱动控制单元 2；　　　　　　　J_{521}—带有记忆的座椅调节控制单元(附驾驶员侧)；

J_{522}—带有记忆的座椅调节控制单元(后座)；J_{524}—信息控制单元，显示器及控制单元(后座)；

J_{527}—转向柱组合开关模块；　　　　　　　J_{528}—顶棚电子部件控制单元；

J_{533}—网关；　　　　　　　　　　　　　　J_{540}—电子停车及手刹车控制单元；

J_{589}—驾驶员身份识别控制单元；　　　　　J_{623}—发动机控制单元；

J_{644}—能源管理控制单元；　　　　　　　　T_{46a}—连接插座，46 针，黑色，在 CAN 分离插口的左边；

T_{46b}—连接插座，46 针，黑色，在 CAN 分离接口的右边

图 5-19　CAN 插座连接的功能电路

　　驱动系统 CAN 总线和舒适系统 CAN 总线以星形方式接入连接插座中。一个总线系统下的部分控制单元接在右边的连接插座中，而其他部分则接在左边的连接插座中。左侧和右侧的连接插座又通过 CAN 电缆连接，如图 5-20 所示，最终将所有的舒适系统 CAN 总线的控制单元跟所有驱动系统 CAN 总线的控制单元连接在一起。

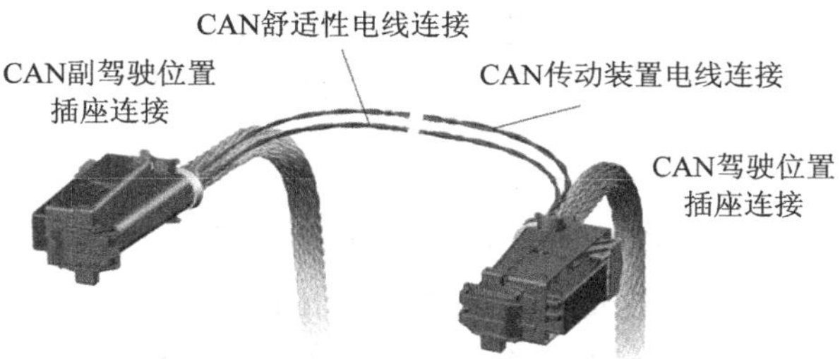

图 5-20　奥迪 A8 上的 CAN 插座连接

　　连接插座被安装在仪表板总成的左右两侧的盖板下面，如图 5-21 所示。取下连接插头时，应该先将锁止钩打开。

图 5-21　连接插头的位置

3．高速 CAN 总线

　　(1) 高速 CAN 数据总线的主要联网控制单元。高速 CAN 数据总线的主要联网控制单元包括发动机控制单元、ABS 控制单元、ESP 控制单元、变速器控制单元、安全气囊控制单元、组合仪表等。各控制单元通过高速 CAN 数据总线的 CAN-High 线和 CAN-Low 线来进行数据交换。

　　(2) 高速 CAN 数据总线上的信号电压。在静止状态时，CAN-High 和 CAN-Low 这两条导线上作用有相同的预先设定值，该值称为静电平。对于动力 CAN 数据总线来说，这个值大约为 2.5 V。静电平也称为隐性状态，CAN 数据总线上连接的所有控制单元均可修改它。

　　在显性状态时，CAN-High 线上的电压值会升高一个预定值，这个值至少为 1 V；而 CAN-Low 线上的电压值会降低一个同样大小的值。于是在动力 CAN 数据总线上，CAN-High 线处于激活状态，其电压不低于 3.5 V(2.5 V + 1 V = 3.5 V)，而 CAN-Low 线上的电压值最多可降至 1.5 V(2.5 V − 1 V = 1.5 V)。

　　因此在隐性状态时，CAN-High 线与 CAN-Low 线上的电压差为 0 V，在显性状态时该差值最低为 2 V，如图 5-22 所示。

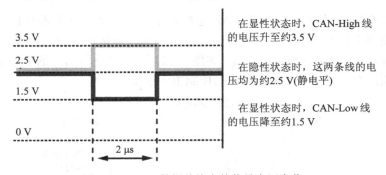

图 5-22　CAN 数据总线上的信号电压变化

　　(3) 高速 CAN 的收发器。收发器内的 CAN-High 线和 CAN-Low 线上的信号转换控制单元是通过收发器连接到高速 CAN 总线上的。在这个收发器内有一个接收器，该接收器是安装在接收一侧的差动信号放大器，如图 5-23 所示。

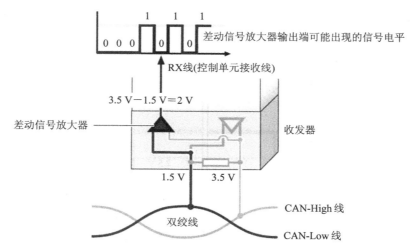

图 5-23　高速 CAN 数据总线的差动信号放大器

差动信号放大器用于处理来自 CAN-High 线和 CAN-Low 线的信号，除此以外还负责将转换后的信号传至控制单元的 CAN 接收区。这个转换后的信号被称为差动信号放大器的输出电压，如图 5-24 所示。

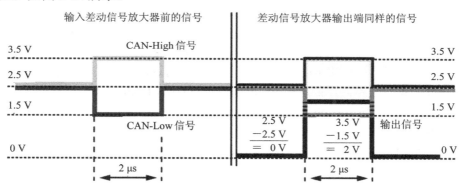

图 5-24　差动信号放大器内的信号处理

差动信号放大器用 CAN-High 线上的电压($U_{CAN\text{-}High}$)减去 CAN-Low 线上的电压($U_{CAN\text{-}Low}$)，就得出了输出电压。用这种方法可以消除静电平或其他任何重叠的电压(例如干扰)。

(4) 高速 CAN 数据总线差动信号放大器内的干扰过滤。由于数据总线也要布置在发动机舱内，所以数据总线会遭受各种干扰。这些干扰包括对地短路和蓄电池电压、点火装置的火花放电和静态放电。

CAN-High 信号和 CAN-Low 信号经过差动信号放大器处理后，可最大限度地消除干扰的影响，如图 5-25 所示。这种差动放大技术的另一个优点是：即使车上的供电电压有波动(例如在起动发动机时)，各个控制单元的数据传递的可靠性也不会受影响。在该图上可清楚地看到这种传递的效果。由于 CAN-High 线和 CAN-Low 线是扭绞在一起的，所以干扰脉冲 X 就总是有规律地作用在两条线上。

由于差动信号放大器总是用 CAN-High 线上的电压(3.5 V – X)减去 CAN-Low 线上的电

压(1.5 V − X)，因此在经过差动处理后，(3.5 V − X) − (1.5 V − X) = 2 V，从而差动信号中就不再有干扰脉冲了。

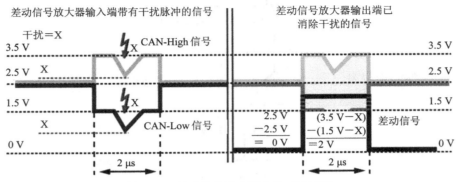

图 5-25　差动信号放大器内的干扰过滤

4. 低速 CAN 数据总线

(1) 低速 CAN 数据总线的主要联网控制单元。低速 CAN 数据总线的主要联网控制单元包括空调控制单元、车门控制单元、舒适控制单元、收音机和导航显示控制单元等。各控制单元通过低速 CAN 数据总线的 CAN-High 线和 CAN-Low 线来进行数据交换，如车窗升降、车内灯开/关、门锁控制、车辆定位(GPS)等。

(2) 低速 CAN 数据总线上的信号电压。为了使低速 CAN 数据总线的抗干扰性强且电流消耗低，与高速 CAN 数据总线相比，将其做了如下一些改动。

① 首先，使用了单独的驱动器(功率放大器)，使得这两个 CAN 信号不再彼此依赖。与高速 CAN 数据总线不同，低速 CAN 数据总线的 CAN-High 线和 CAN-Low 线不通过电阻相连。也就是说，CAN-High 线和 CAN-Low 线不再相互影响，而是彼此独立工作。

② 另外，还放弃了共同的电压。在隐性状态(静电平)时，CAN-High 信号为 0 V；在显性状态时，CAN-High 信号大于等于 3.6 V。对于 CAN-Low 信号来说，隐性电平为 5 V，显性电平小于等于 1.4 V，如图 5-26 所示。

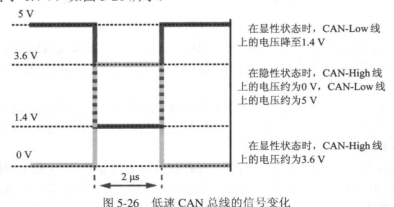

图 5-26　低速 CAN 总线的信号变化

(3) 低速 CAN 数据总线的 CAN 收发器。低速 CAN 数据总线的收发器如图 5-27 所示，其工作原理与高速 CAN 数据总线收发器的基本是一样的，只是输出的电压电平和出现故障时切换到 CAN-High 线或 CAN-Low 线(单线工作模式)的方法不同。另外，CAN-High 线和

CAN-Low 线之间的短路会被识别出来，并且在出现故障时会关闭 CAN-Low 驱动器，在这种情况下，CAN-High 和 CAN-Low 信号是相同的。

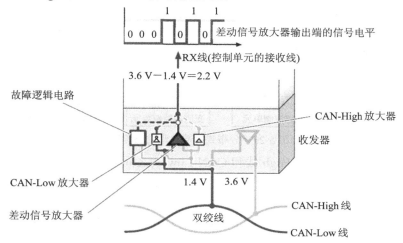

图 5-27　低速 CAN 数据总线收发器的结构

CAN-High 线和 CAN-Low 线上的数据传递由安装在收发器内的故障逻辑电路监控。故障逻辑电路检验两条 CAN 导线上的信号，如果出现故障，如某条 CAN 导线断路，那么故障逻辑电路会识别出该故障，从而使用另一条完好的导线(单线工作模式)。

在正常的工作模式下，使用的是 CAN-High 减去 CAN-Low 所得的信号(差动数据传递)。于是，在差动信号放大器内相减后，隐性电平为 −5 V，显性电平为 2.2 V，因此隐性电平和显性电平之间的电压变化(电压提升)就提高到 7.2 V 或 7.2 V 以上。这样就可将干扰对低速 CAN 数据总线的两条导线的影响降至最低(与高速 CAN 数据总线一样)。

(4) 单线工作模式下的低速 CAN 数据总线。如果因断路、短路或与蓄电池电压相连而导致两条 CAN 导线中的一条不工作了，那么就会切换到单线工作模式。在单线工作模式下，只使用完好的 CAN 导线中的信号，这使得低速 CAN 数据总线仍可工作。同时，控制单元会记录一个故障信息：系统工作在单线工作模式。

5. CAN 数据总线上的阻抗匹配

数据传输终端是一个终端电阻，可防止数据在导线终端被反射而产生反射波，因为反射波会破坏数据。在高速 CAN 系统中，终端电阻接在 CAN-High 线和 CAN-Low 线之间。标准 CAN-BUS 的原始形式中，在总线的两端各接有一个终端电阻，如图 5-28 所示。

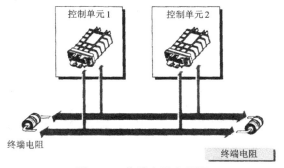

图 5-28　终端电阻布置图

现在的一些车型将负载电阻分布在各个控制单元内。其中，在发动机控制单元中装有"中央终端电阻"，而在其他控制单元中安装大电阻。例如大众品牌的部分车型中均设置有两种终端电阻，分别为 66 Ω 和 2.6 kΩ，如图 5-29 所示。

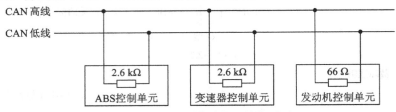

图 5-29　分布式终端电阻的布置图

高速 CAN 系统中，CAN-High 线和 CAN-Low 线之间的总电阻为 50 Ω～70 Ω。在 15号线(点火开关)断开时，可以用电阻表测量 CAN-High 线和 CAN-Low 线之间的电阻。

低速系统 CAN 总线的特点是控制单元的负载电阻不在 CAN 高线和 CAN 低线之间，而在导线与地之间。电源电压断开时，CAN-Low 线上的电阻也断开，因此不能用电阻表进行测量。

6．CAN 总线的电磁兼容原理

CAN 总线采用了双绞线自身校验的结构，既可以防止电磁干扰对传输信息的影响，也可以防止本身对外界的干扰。系统中采用高低电平两根数据线，从而控制器输出的信号可同时向两根通信线发送，高低电平互为镜像。

(1) 抗干扰。如图 5-30 所示，双绞线保证外界干扰对 CAN 总线的两根数据线的影响基本相同。由于 CAN 收发器利用差动放大器对两路信号进行差运算，而差动运算能够使得外界对 CAN 总线的两根数据线的干扰影响自行运算抵消，因此消除了外界的干扰影响，如图 5-31 所示。

图 5-30　外界干扰同时作用于 CAN 总线

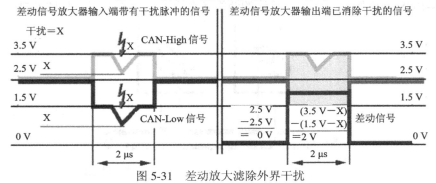

图 5-31　差动放大滤除外界干扰

(2) 不干扰外界。如图 5-32 所示,双绞线保证 CAN 总线的两根数据线与外界任意一点之间的距离基本相同。由于 CAN 收发器发送到两根数据线上的信号成镜像关系,因此,CAN 总线的 H 线的对外辐射和 L 线的对外辐射具有幅值相同、方向相反的特点。以上两点加起来使得 CAN 总线的两根数据线对外界任意一点的干扰影响可自行运算抵消。

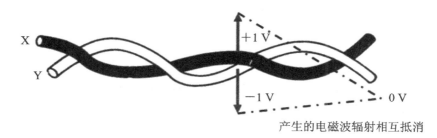

图 5-32　镜像信号抵消本身对外界的干扰

5.3　宝来轿车车载网络系统的实例

一汽大众汽车有限公司生产的宝来(Bora)轿车于 2001 年上市。该车的驱动系统、舒适与信息系统中装用了两套 CAN 总线系统,如图 5-33 所示。

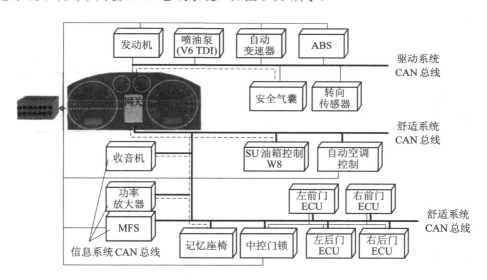

图 5-33　1.8 L 宝来的数据总线系统

宝来轿车的系统网关内置于仪表内,负责驱动系统 CAN 总线(高速)、舒适系统 CAN 总线(低速)和 K 诊断线的数据交换,如图 5-34 所示。

CAN 导线的基色为橙色;驱动系统 CAN-High 线上的标志色为黑色;舒适系统 CAN-High 线上的标志色为绿色;信息系统 CAN-High 线上的标志色为紫色;CAN-Low 线的标志色都是棕色。

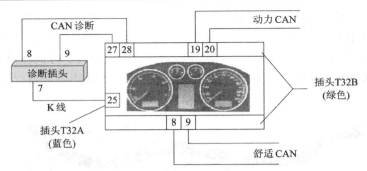

图 5-34　1.8 L 宝来的 CAN 总线系统网关结构

1．舒适 CAN 网络

1）舒适 CAN 网络的组成

宝来的舒适系统主要包括车外后视镜调节、电动玻璃升降、中央门锁、车内灯、行李箱盖开启装置等控制功能，原车电路图见附录Ⅰ。

2）舒适 CAN 网络的电路分析

舒适 CAN 网络的简化电路如图 5-35 所示。驾驶员侧车门控制单元、副司机侧车门控制单元、左后车门控制单元和右后车门控制单元分别配有两路常电源。需注意的是，这两路电源的供电对象是有差别的，如 S_{37} 主要负责给玻璃升降供电，而 S_{238} 主要负责给门锁电机和后视镜电机供电，掌握这一点对于故障诊断很有帮助。

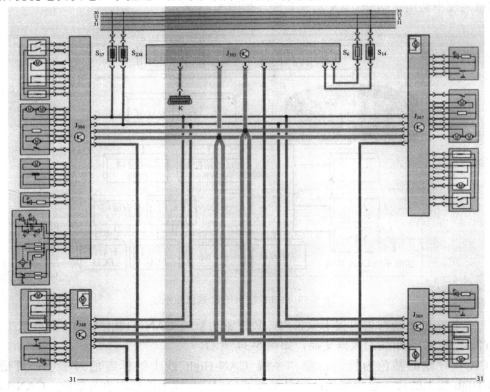

图 5-35　宝来舒适 CAN 的电路简图

宝来舒适系统和记忆功能由于采用了 CAN 总线技术，所以电路图和传统电路有所差别，为此本节以宝来舒适系统电路为例进行详细的电路分析。宝来舒适系统的原厂电路见附录。

(1) 中控门锁电路如图 5-36、图 5-37 所示。

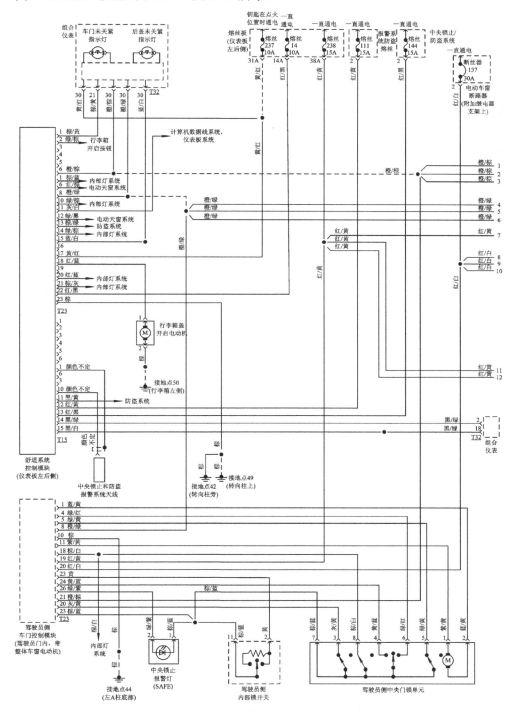

图 5-36　中控门锁电路(一)

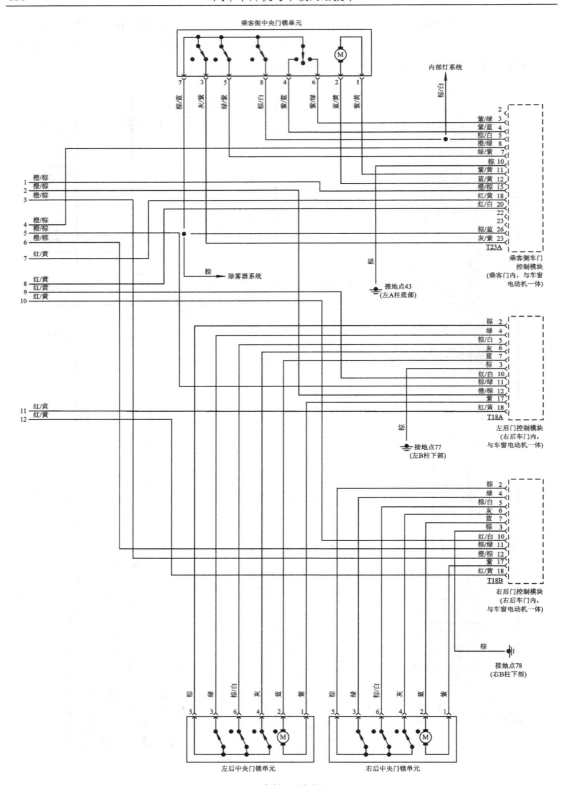

图 5-37　中控门锁电路(二)

(2) 电动车窗电路如图 5-38 所示。

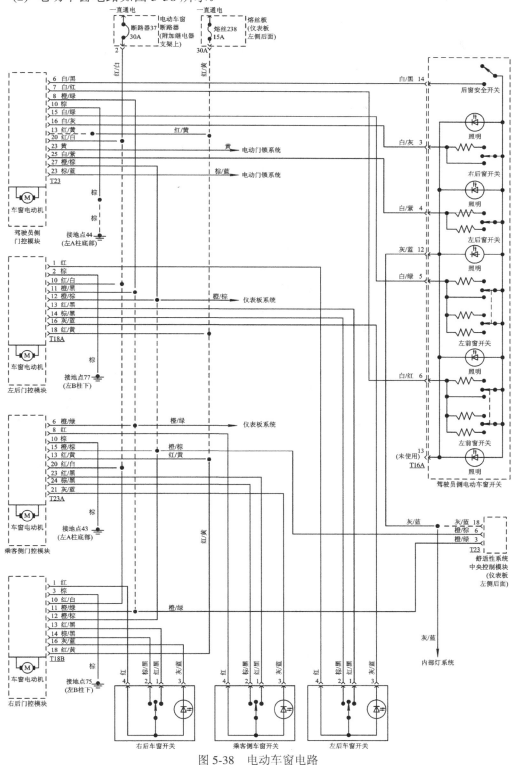

图 5-38　电动车窗电路

(3) 电动后视镜电路如图 5-39 所示。

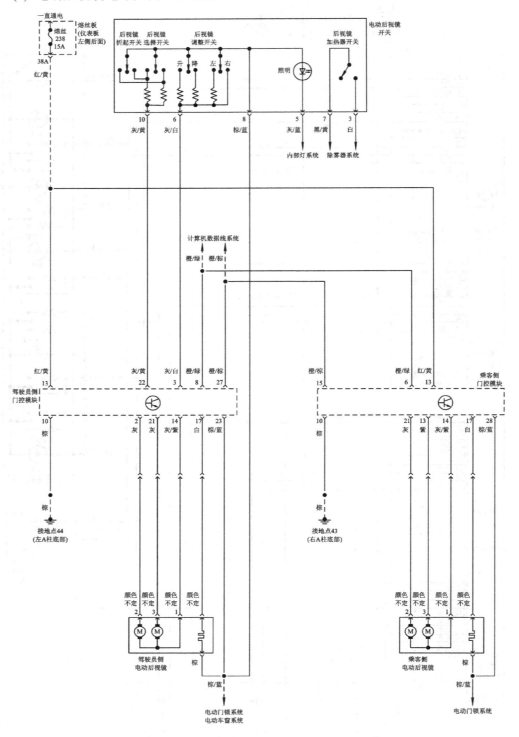

图 5-39　电动后视镜电路

(4) 行李箱盖开启电路如图 5-40 所示。

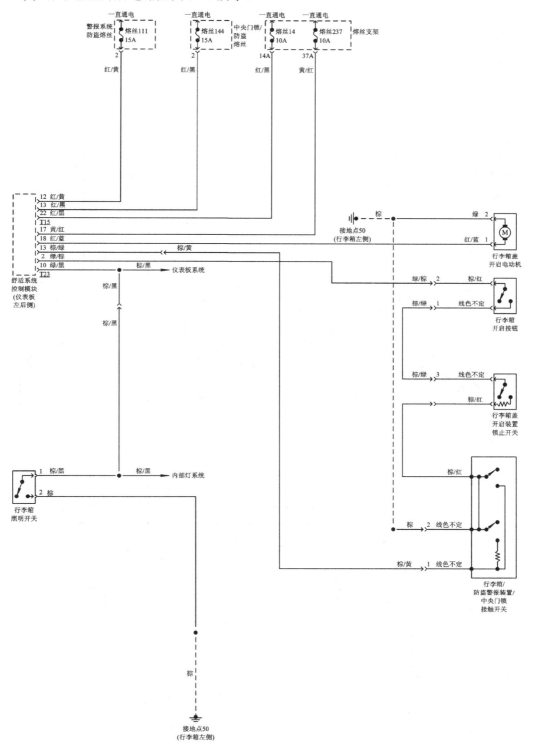

图 5-40　行李箱盖开启电路

(5) 门控灯电路如图 5-41 所示。

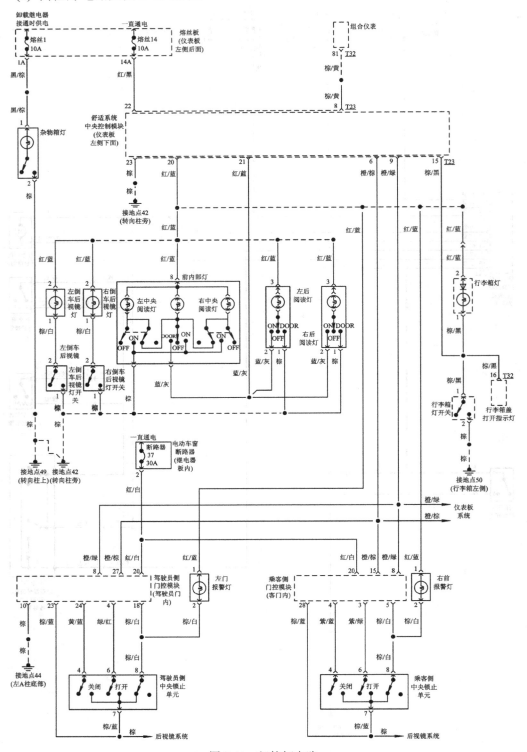

图 5-41 门控灯电路

(6) 背光照明电路如图 5-42 所示。

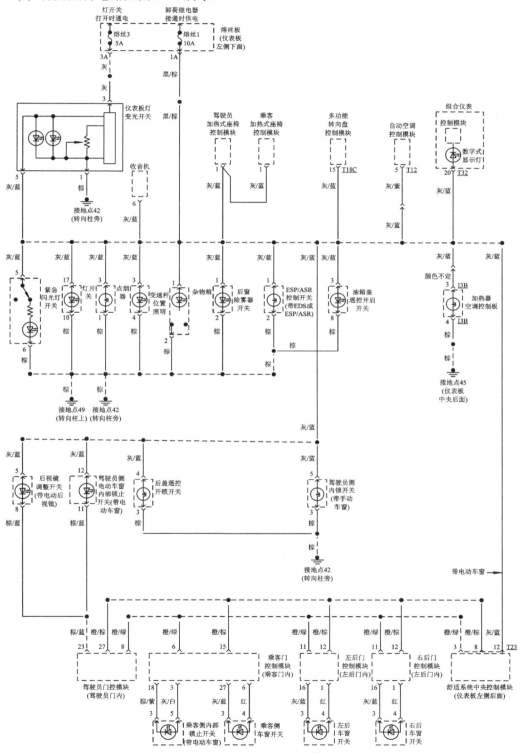

图 5-42　背光照明电路

3) 舒适 CAN 的自诊断

检测仪解码器 VAG1552 可以查询故障存储器和对控制模块进行编码,其功能同 VAS 5051 的自诊断功能相同。在诊断系统中 VAS5051 的"故障查询向导"功能可用于进行故障查找。

由于临时性的导线开路或插头松动引起的故障也将被存储,这类故障作为偶发故障用"SP"显示。

舒适系统的典型故障码有如下几种。

(1) 故障码 01328。

- 表示含义:舒适系统数据总线故障。
- 可能原因:① 导线或插头故障;② 控制模块损坏。
- 故障排除:① 按照电路图检查导线和插头,若导线完好,则拔下所有的车门主插头,再依次插好,同时观察数据流;② 更换数据总线阻断的控制模块,因为新的故障被存储,所以这些故障码必须清除;③ 读取数据流:显示组号 012,显示区 1;④ 更换合适的控制模块。

(2) 故障码 01329。

- 表示含义:舒适系统数据总线处于紧急模式。
- 可能原因:导线或插头故障。
- 故障排除:① 按照电路图检查导线和插头,确定导线完好后,拔下所有的车门主插头,再依次插好,同时观察数据流;② 更换总线阻断的控制模块,因为新的故障被存储,所以这些故障码必须清除;③ 更换合适的控制模块;④ 读取数据流:显示组号 012,显示区 1。

(3) 故障码 01330。

- 表示含义:舒适系统的中央控制模块(J_{393})损坏、供电电压过高/过低。
- 可能原因:① 舒适系统的中央控制模块损坏;② 蓄电池损坏或没电;③ 电压调节器损坏;④ 发电机损坏。
- 故障排除:① 更换舒适系统的中央控制模块;② 按照电路图检查导线和插头;③ 读取数据流:显示组号 014,显示区 1。

(4) 故障码 01331。

- 表示含义:驾驶员侧车门控制模块(J_{386})损坏、无通信、供电电压过高/过低。
- 可能原因:① 驾驶员侧车门控制模块(J_{386})损坏;② 导线或插头故障;③ 蓄电池损坏或没电;④ 电压调节器损坏;⑤ 发电机损坏。
- 故障排除:① 更换驾驶员侧车门控制模块(J386);② 按照电路图检查导线和插头;③ 若系统正常(虽然有故障记忆),则清除故障存储器,并执行功能检查;④ 读取数据流:显示组号 012,显示区 20;⑤ 可以检查是否安装了车门控制模块,并读取数据流:显示组号 014,显示区 1。

(5) 故障码 01332。

- 表示含义:前乘客车门控制模块损坏、无通信、供电电压过高/过低。
- 可能原因:① 前乘客车门控制模块(J_{387})损坏;② 导线或插头故障;③ 蓄电池损坏或没电;④ 电压调节器损坏;⑤ 发电机损坏。
- 故障排除:① 更换前乘客侧车门控制模块(J387);② 按照电路图检查导线和插头;③ 若系统正常(虽然有故障记忆),则清除故障记忆,并进行功能检查;④ 读取数据流:显示组号 012,显示区 20;⑤ 可以检查是否安装了车门控制模块,并读取数据流:显示组号 014，显示区 1。

(6) 故障码 01333。

● 表示含义：左后车门控制模块(J_{388})损坏、无通信、供电电压过高/过低。

● 可能原因：① 左后车门控制模块 J_{388})损坏；② 导线或插头故障；③ 蓄电池损坏或没电；④ 电压调节器损坏；⑤ 发电机损坏。

● 故障排除：① 更换左后车门控制模块(J388)；② 按照电路图检查导线和插头；③ 若系统正常(虽然有故障记忆)，则清除故障存储器并执行功有检查；④ 读取数据流：显示组号 012，显示区 3；⑤ 可以检查是否安装了车门控制模块并读取数据流：显示组号 014，显示区 1。

(7) 故障码 01334。

● 表示含义：右后车门控制模块(J_{389})损坏、无通信、供电电压过高/过低。

● 可能原因：① 右后车门控制模块(J_{389})损坏；② 导线或插头故障；③ 蓄电池损坏或没电；④ 电压调节器损坏；⑤ 发电机损坏。

● 故障排除：① 更换右后车门控制模块(J389)；② 按照电路图检查导线和插头；③ 若系统正常(虽然有故障记忆)，则清除故障存储器并执行功能检查；④ 读取数据流：显示组号 012，显示区 3；⑤ 可以检查是否安装了车门控制模块并读取数据流：显示组号 014，显示区 1。

(8) 故障码 01335。

● 表示含义：驾驶员座椅/后视位置控制模块不确定信号、无通信。

● 特别提示：控制模块存储了座椅和后视镜的位置而且能够重新设置这些位置。

● 可能原因：① 导线或插头故障；② 座椅记忆控制模块诊断与车门控制模块诊断无通信。

● 故障排除：① 按照电路图检查导线插头；② 读取数据流：显示组号 012，显示区 4；③ 座椅存储器有自己的 K 线，可以通过地址码"36"读出。

2．动力 CAN 网络

1) 动力 CAN 网络的组成

如图 5-43 所示，动力 CAN 网络主要包括：发动机 Motronic 控制单元、自动变速箱控制单元、ABS/EDL 控制单元、转向角传感器、四轮驱动控制单元、安全气囊控制单元、仪表控制单元(内置网关)。

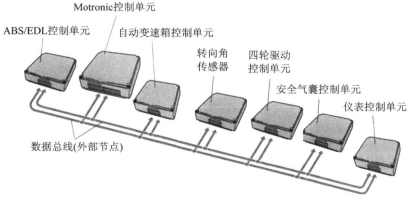

图 5-43　动力 CAN 网络

2) 动力 CAN 网络的电路

宝来轿车的动力 CAN 网络的电路图如图 5-44 和 5-45 图所示。

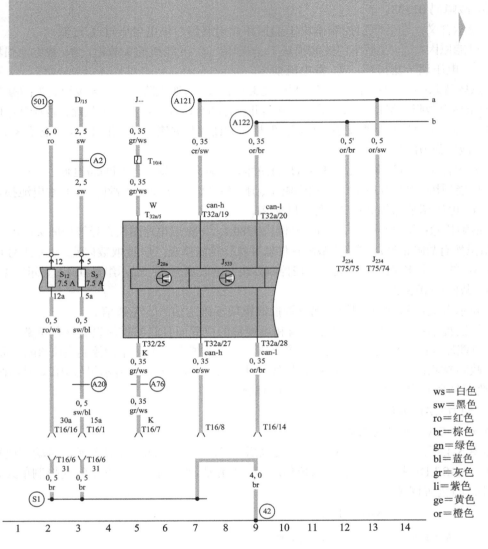

D—点火开关；
J_{234}—安全气囊控制单元；
J_{285}—带显示器的控制单元，在组合仪表内；
J_{533}—数据总线诊断接口，在组合仪表内；
J…—发动机控制单元；
S_5—保险丝支架上5号保险丝；
S_{12}—保险丝支架上12号保险丝；
T10—插头，10孔，橙色，在插头保护壳体内，流水槽左侧；
T16—插头，16孔，在仪表板中部，自诊断接口；
T32—插头，32孔，蓝色；
T32a—插头，32孔，绿色；
T75—插头，75孔；

42—接地点，在转向柱旁；
81—接地连接－1－，在仪表板线束内；
501—螺栓连接－2－(30)，在继电器盘上；
A2—正极连接(15)，在仪表板线束上；
A20—连接(15a)，在仪表板线束内；
A76—连接(自诊断K线)，在仪表板线束内；
A121—连接(High-Bus)，在仪表板线束内；
A122—连接(Low-Bus)，在仪表板线束内

图 5-44　宝来轿车动力 CAN 网络的电路图(一)

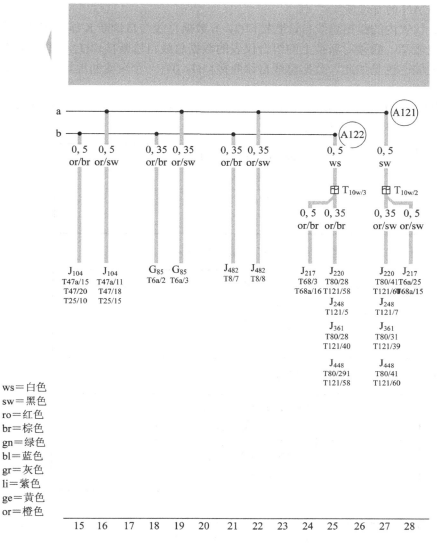

ws＝白色
sw＝黑色
ro＝红色
br＝棕色
gn＝绿色
bl＝蓝色
gr＝灰色
li＝紫色
ge＝黄色
or＝橙色

G₈₅—转向角传感器，在转向柱上；

J₁₀₄—ABS/带EDS的ABS控制单元；

J₂₁₇—自动变速器控制单元；

J₂₂₀—多点喷射控制单元；

J₂₄₈—柴油直喷控制单元；

J₃₆₁—Simos控制单元；

J₄₄₈—4AV/4LV/4MV控制单元；

J₄₉₂—四轮驱动控制单元，在后桥附近；

T6a—插头，6孔；

T8—插头，8孔；

T10w—插头，10孔，白色，在插头保护
　　 壳体内，在流水槽左侧；

T25—插头，25孔，在ABS/带EDS的ABS控制单元上；

T47—插头，47孔，在带EDS/ASR/ESP的ABS控制单元上(2000年
　　 7月前)；

T47a—插头，47孔，在ABS/带EDS/ASR/ESP的ABS控制单元上
　　　 (2000年8月后)；

T68—插头，68孔，指装有4档自动变速器的车；

T68a—插头，68孔，指装有5档自动变速器的车；

T80—插头，80孔；

T121—插头，121孔；

(A121)—连接(High-Bus)，在仪表板线束内；

(A122)—连接(Low-Bus)，在仪表板线束内

图 5-45　宝来轿车动力 CAN 网络的电路图(二)

3) 动力 CAN 的自诊断

通过组合仪表内的数据总线自诊断接口(J533)，数据总线与自诊断 K 线可实现数据交换。更换了组合仪表后，必须对新换上的组合仪表的数据总线自诊断接口(J533)进行编码，即使已存有正确的编码也是如此。数据总线自诊断接口(J533)有一个自诊断地址。进入系统自诊断的流程如下：

(1) 连接故障解码器，接通点火开关，按动"PRINT"键接通打印机(键内指示灯亮)，按动"1"键选择"快速数据传递"。显示屏显示：

英文显示	Rapid data transfer HELP Enter address word ××
中文含义	快速数据传递 帮助 输入地址码××

(2) 按动"1"和"9"键选择"入口"。显示屏显示：

英文显示	Rapid data transfer Q 19—Gateway
中文含义	快速数据传递 确认 19—网关

(3) 按动"Q"键确认输入。显示屏显示：

英文显示	Rapid data transfer Q Tester sends the address word 19
中文含义	快速数据传递 确认 检测仪发送地址码 19

(4) 按动"0"键确认输入。显示屏显示：

英文显示	6N0909901 Gateway K Coding××××× WSC×××××
中文含义	6N0909901 网关 K 编码××××× 服务商代码×××××

(5) 按动"—"键，显示屏显示：

英文显示	Rapid data transfer HELP Select function ××
中文含义	快速数据传递 帮助 选择功能 ××

计算机数据总线的解码器 1552 的功能有：02—查询故障存储器，05—清除故障存储器，

06—结束输出，07—控制模块编码，08—读取数据流。其具体操作和舒适系统的相同，在此不再赘述。

总线系统的典型故障代码如下。

(1) 故障码 00778。

- 表示含义：转向角传感器(G_{85})无法通信。
- 可能故障：转向角传感器通过数据总线的数据接收不正常。
- 可能影响：与数据总线相连的系统的功能不正常。
- 故障排除：① 检查数据总线自诊断接口的编码；② 查询 ABS 控制模块故障存储器并排除故障；③ 按照电路图检查接转向角传感器的数据总线。

(2) 故障码 01044。

- 表示含义：控制模块编码错误。
- 可能故障：① 与数据总线相连的某控制模块编码错误；② 与数据总线相连的某控制模块损坏。
- 可能影响：① 行驶性能不良(换档冲击，负荷变化冲击)；② 无行驶动力控制。
- 故障排除：① 读取数据流；② 查询与数据总线相连的所有控制模块的故障存储器，并排除故障；③ 检查并改正控制模块编码，如果需要，更换控制模块。

(3) 故障码 01312。

- 表示含义：数据总线损坏。
- 可能故障：① 数据线有故障；② 数据总线在"Bus-off"状态。
- 可能影响：① 行驶性能不良(换档冲击，负荷变化冲击)；② 无行驶动力控制。
- 故障排除：① 读取数据流；② 检查控制模块编码；③ 按照电路图检查数据总线；④ 更换损坏的控制模块。

(4) 故障码 01314。

- 表示含义：发动机控制模块无法通信。
- 可能故障：发动机控制模块通过数据总线的数据接收不正常。
- 可能影响：① 行驶性能不良(换档冲击，负荷变化冲击)；② 无行驶动力控制。
- 故障排除：① 读取数据流；② 查询发动机的故障存储器并排除故障；③ 按照电路图检查发动机控制模块数据总线。

(5) 故障码 01315。

- 表示含义：变速器控制模块无法通信。
- 可能故障：变速器控制模块通过数据总线的数据接收不正常。
- 可能影响：① 行驶性能不良(换档冲击，负荷变化冲击)；② 无行驶动力控制。
- 故障排除：① 读取数据流；② 查询发动机控制模块的故障存储器并排除故障；③ 按照电路图检查发动机控制模块的数据总线。

(6) 故障码 01316。

- 表示含义：制动控制模块无法通信。
- 可能故障：ABS 控制模块通过数据总线的数据接收不正常。
- 可能影响：① 行驶性能不良(换档冲击，负荷变化冲击)；② 无行驶动力控制。

- 故障排除：① 读取数据流；② 查询 ABS 控制模块的故障存储器并排除故障；③ 按照电路图检查 ABS 控制模块的数据总线。

(7) 故障码 01317。

- 表示含义：组合仪表内的控制模块(J_{285})无法通信。
- 可能故障：① 控制模块数据线有故障；② 控制模块损坏。
- 可能影响：① 行驶性能不良(换档冲击，负荷变化冲击)；② 无行驶动力控制。
- 故障排除：① 读取数据流；② 查询与数据总线相连的所有控制模块的故障存储器并排除故障；③ 按照电路图检查数据总线。

(8) 故障码 01321。

- 表示含义：安全气囊控制模块(J_{234})无法通信。
- 可能故障：安全气囊控制模块通过数据总线的数据接收不正常。
- 可能影响：安全气囊警告灯亮。
- 故障排除：① 读取数据流；② 查询安全气囊控制模块的故障存储器并排除故障；③ 按照电路图检查安全气囊控制模块的数据总线。

(9) 故障码 01324。

- 表示含义：四轮驱动控制模块(J_{492})无法通信。
- 可能故障：四轮驱动控制模块通过数据总线的数据接收不正常。
- 可能影响：① 行驶性能不良(换档冲击，负荷变化冲击)；② 无行驶动力控制。
- 故障排除：① 读取数据流；② 查询四轮驱动控制模块的故障存储器并排除故障；③ 按照电路图检查四轮驱动控制模块的数据总线。

5.4 车载网络的故障类型与诊断方法

5.4.1 CAN-Bus 总线系统的故障类型

1．汽车电源系统故障引起的车载网络传输系统故障

1) 故障机理

车载网络传输系统的核心部分是含有通信芯片的电控模块 ECM。电控模块 ECM 的正常工作电压在 10.5 V～15.0 V 的范围内。如果汽车电源系统提供的工作电压低于该值，就会造成一些对工作电压要求高的电控模块 ECM 出现短暂的停滞工作，从而使整个车载网络传输系统出现短暂的无法通信。这种现象就如同在未起动发动机时，用故障诊断仪设定好要检测的传感器界面，当发动机启动时，由于电压下降导致通信中断，致使故障诊断仪又回到初始界面。

2) 故障实例

(1) 故障现象。一辆上海别克轿车，在车辆行驶过程中，时常出现转速表、里程表、燃油表和水温表指示为零的现象。

(2) 故障检测过程。用 TECH2 故障诊断仪读取故障代码，发现各个电控模块均没有当前故障代码，而在历史故障代码中出现多个故障代码。其中，SDM(安全气囊控制模块)中出现 U1040——失去与 ABS 控制模块的对话、U1000——二级功能失效、U1064——失去多重对话、U1016——失去与 PCM 的对话、IPC(仪表控制模块)中出现 U1016——失去与 PCM 的对话；BCM(车身控制模块)中出现 U1000——二级功能失效。

(3) 故障分析和排除。经过故障代码的读取可以知道，该车的多路信息传输系统存在故障，因为 U 字头的故障代码为车载网络传输系统的故障代码，其车载网络联结关系如图 5-46 所示。通过查阅上海别克轿车的电源系统的电路图发现，上面的电控模块共用一根电源线，并且通过前围板。由于故障代码为间歇性的，初步断定可能是这根电源线发生间歇性断路故障。经检查发现，该电源线由于磨损导致接触不良，经过维修处理后故障排除。

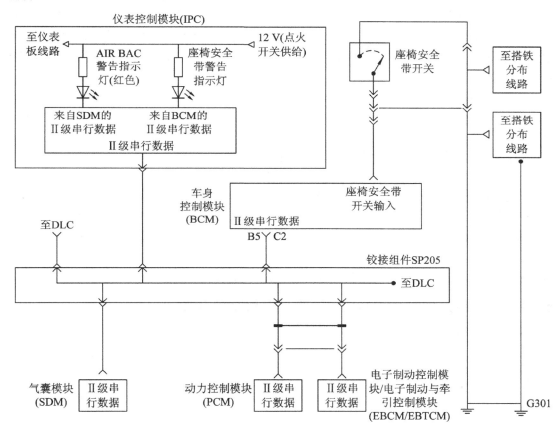

图 5-46　上汽通用别克轿车的多路传输电路

2．节点故障

1) 故障机理

节点是车载网络传输系统中的电控模块，因此节点故障就是电控模块故障，包括软件故障和硬件故障。软件故障即传输协议或软件程序存在缺陷或冲突，从而使车载网络传输系统通信出现混乱或无法工作，这种故障一般成批出现，且无法维修。硬件故障一般是指通信芯片或集成电路故障，会造成车载网络传输系统无法正常工作。

2) 故障实例

(1) 故障现象。一辆上海帕萨特 B5 轿车在使用中出现机油压力报警灯与安全气囊故障指示灯报警，同时发动机转速表不能运行等故障。

(2) 故障检测。用 V.A.G.1552 故障阅读仪读取的仪表系统的故障代码为：01314049——到发动机控制单元无通信；01321049——到安全气囊控制单元无通信。

(3) 故障分析与排除。通过读取的故障代码可以初步判断故障在于车载网络传输系统。通过对汽车电气线路进行分析发现，由于电源系统引起故障的概率很小，因此故障很可能是节点或链路故障。用替换法测试安全气囊控制单元，故障得以排除。

3. 链路故障

1) 故障机理

当车载网络传输系统的链路出现故障时，如：通信线路的短路、断路以及线路物理性质引起的通信信号衰减失真，都会引起多个电控单元无法工作或电控系统错误动作。判断是否为链路故障时，一般采用示波器或汽车专用光纤诊断仪来观察通信数据信号是否与标准通信数据信号相符。

2) 故障实例

(1) 故障现象。一辆奥迪 100 轿车的自动空调系统在开关接通的情况下，鼓风机能工作，但是空调系统却不制冷。

(2) 故障检测与排除。通过观察，发现空调压缩机的电磁离合器不吸合，但发动机工作正常。检查电磁离合器线路的电阻值，电阻值符合规定值；检查空调控制单元的数据端，发现没有数据信号。此时用 V.A.G.1552 故障阅读仪读取发动机控制系统和空调控制系统的故障代码，均无故障代码。用 V.A.G.1552 故障阅读仪读取空调控制单元的数据流，发动机转速数据为零。由于发动机工作正常，因此发动机控制单元接收的发动机转速信号应该正常，再检查发动机控制单元和空调控制单元之间的通信线路，发现两者之间的通信线的接脚变形，从而造成链路断路。修复接插件后，故障排除。

5.4.2　车载网络传输系统的基本诊断步骤和检测方法

1. 基本诊断步骤

通过对上一小节三种车载网络传输系统故障的分析，可以总结出该系统的一般诊断步骤如下：

(1) 了解该车型的车载网络传输系统特点(包括传输介质、几种子网及车载网络传输系统的机构形式等)。

(2) 了解车载网络传输系统的功能，如：有无唤醒功能和休眠功能等。

(3) 检查汽车电源系统是否存在故障，如：交流发电机的输出波形是否正常(若不正常将导致信号干扰等故障)等。

(4) 检查车载网络传输系统的链路是否存在故障，采用替换法或跨线法进行检测。

(5) 如果是节点故障，只能采用替换法进行检测。

2. 双线式车载网络传输系统的检测方法

在检查车载网络传输系统前，须保证所有与车载网络传输系统相连的控制单元无功能故障。功能故障是指不会直接影响车载网络传输系统，但会影响某一系统的功能流程的故障。例如：传感器损坏，其结果就是传感器信号不能通过车载网络传输系统传递。这种功能故障对车载网络传输系统有间接影响，即会影响需要该传感器信号的控制单元的通信。如存在功能故障，记下该故障并消除所有控制单元的故障代码，然后排除该故障。排除所有功能故障后，如果控制单元间的数据传递仍不正常，则检查车载网络传输系统。检查车载网络传输系统时，须区分以下两种可能的情况。

(1) 两个控制单元组成的双线式数据总线系统的检测。检测时，关闭点火开关，断开两个控制单元，如图 5-47 所示。接下来检查车载网络传输系统是否断路、短路或对正极/地短路。如果车载网络传输系统无故障，则更换较易拆下(或较便宜)的一个控制单元后再测试一下。如果车载网络传输系统仍不能正常工作，继续更换另一个控制单元。

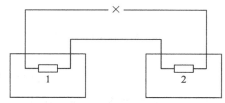

图 5-47　两个控制单元组成的双线式车载网络传输系统

(2) 三个或更多控制单元组成的双线式车载网络传输系统的检测。检测时，先读出控制单元内的故障代码。如图 5-48 所示，如果控制单元 1 与控制单元 2 和控制单元 3 之间无通信，则关闭点火开关，断开与车载网络传输系统相连的控制单元，检查车载网络传输系统是否断路。如果车载网络传输系统无故障，更换控制单元 1；如果所有控制单元均不能发送和接收信号(故障存储器存储"硬件故障")，则关闭点火开关，断开与车载网络传输系统相连的控制单元，检测车载网络传输系统是否短路、是否对正极/地短路。

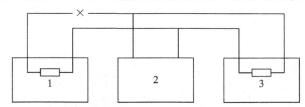

图 5-48　三个控制单元组成的双线式车载网络传输系统

如果车载网络传输系统上查不出引起硬件损坏的原因，则检查是否是某一控制单元引起该故障：断开所有通过 CAN 车载网络传输系统传递数据的控制单元，关闭点火开关；只接上其中一个控制单元，连接 VAG 1551 或 VAG1552，打开点火开关，清除刚接上的控制单元的故障代码；用功能 06 来结束输出，关闭并再打开点火开关，打开点火开关 10 s 后用故障阅读仪读出刚接上的控制单元的故障存储器内的内容。如显示"硬件损坏"，则更换刚接上的控制单元；如未显示"硬件损坏"，则接上下一个控制单元，重复上述过程。

5.5　车载网络的仪器检测

1. CAN 数据总线的万用表检测

CAN 数据总线可以采用数字万用表进行电压信号测试，从而大致判断数据总线的信号传输是否存在故障。检测方法如图 5-49 所示。

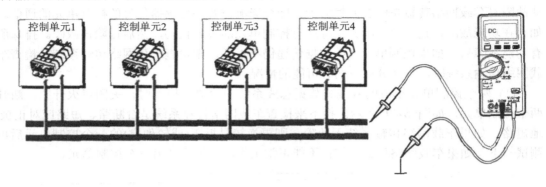

图 5-49　CAN 总线的万用表检测

在用数字万用表测量频率信号时，由于万用表具有分段采集和有效值运算的工作特性，因此，数字万用表的显示值只能反映被测信号的主体信号电压值，而不能显示被测信号的每个细节。由此可见，采用数字万用表测量 CAN 总线的信号电压时，万用表的显示值和 CAN 总线的主体信号电压值具有对应关系。下面根据动力 CAN 和舒适 CAN 的信号特点分别分析使用万用表测量时的显示值。

(1) 用万用表测量动力 CAN 总线。动力 CAN 的信号如图 5-50 所示。CAN-High 信号在总线空闲时的电压约为 2.5 V。总线上有信号传输时总线上的电压值在 2.5 V 和 3.5 V 之间高频波动，因此 CAN-High 的主体电压应是 2.5 V，所以万用表的测量值在 2.5 V～3.5 V 之间，大于 2.5 V 但靠近 2.5 V。

同理，CAN-Low 信号在总线空闲时的电压约为 2.5 V。总线上有信号传输时总线上的电压值在 2.5 V 和 1.5 V 之间高频波动，因此 CAN-Low 的主体电压应是 2.5 V，所以万用表的测量值在 1.5 V～2.5 V 之间，小于 2.5 V 但靠近 2.5 V。

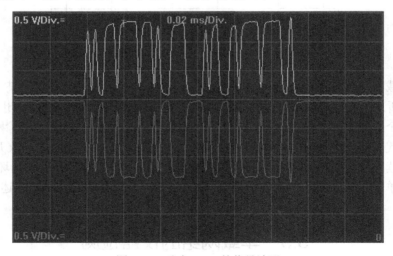

图 5-50　动力 CAN 的信号波形

(2) 用万用表测量舒适 CAN 总线。舒适 CAN 的信号如图 5-51 所示。CAN-High 信号在总线空闲时的电压约为 0 V。总线上有信号传输时总线上的电压值在 0 V～5 V 之间高频波动，因此 CAN-High 的主体电压应是 0 V，所以万用表的测量值为 0.35 V 左右。

同理，CAN-Low 信号在总线空闲时的电压约为 5 V。总线上有信号传输时总线上的电压值在 0 V～5 V 之间高频波动，因此 CAN-Low 的主体电压应是 5 V，所以万用表的测量值为 4.65 V 左右。

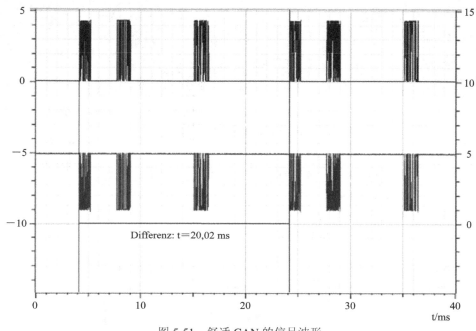

图 5-51　舒适 CAN 的信号波形

2. CAN 数据总线的波形检测

1) 在双通道模式下检测舒适 CAN

(1) 检测电路的连接如图 5-52 所示。

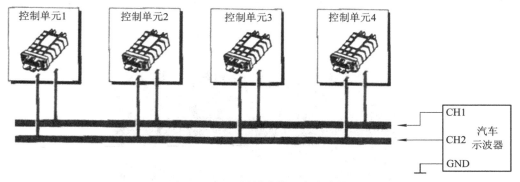

图 5-52　双通道模式检测电路连接

(2) 波形显示如图 5-53、5-54 所示。

舒适 CAN 的信号电位见表 5-2，电压电位必须达到最小的规定区域，并在示波器屏幕上用蓝线给出界限值。例如：CAN-High 的显性电压电位至少达到 3.6 V。如果未达到区域要求范围，控制单元将不能准确地判定电压电位是逻辑值 0 或者 1，这将导致出现故障存储或者单线工作状态。

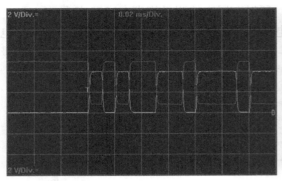 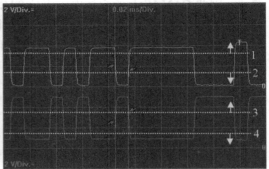

图 5-53 同一零点坐标下的双通道波形　　图 5-54 不同零点坐标下的双通道波形

表 5-2 舒适 CAN 的信号电压域值范围

电位	$U_{CAN\text{-}High}$	$U_{CAN\text{-}Low}$	电位差
显性	4 V(> 3.6 V，蓝线 1)	1 V(< 1.4 V，蓝线 4)	3 V
隐性	0 V(< 1.4 V，蓝线 2)	5 V(> 3.6 V，蓝线 3)	−5 V

2) 在单通道模式下检测舒适 CAN

(1) 检测电路的连接如图 5-55 所示。

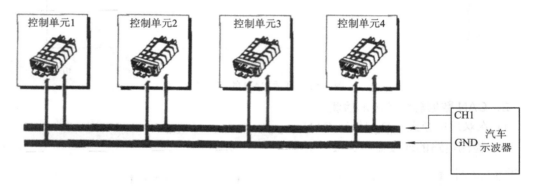

图 5-55 单通道模式检测电路连接

(2) 波形显示如图 5-56 所示。

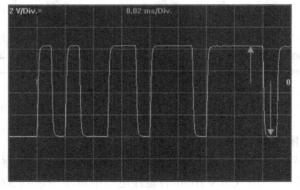

图 5-56 单通道模式下的检测波形

当用示波器的单通道模式对两个 CAN 信号进行测量时，显示为电压差值，其中显性电压为 3 V，隐性电压为 −5 V。该测量形式不如双通道测量形式便于故障查询。单线工作模式主要用于快速查看总线是否为激活状态。

3) 动力 CAN 的故障波形

当故障存储器记录"动力 CAN 总线故障"时，用示波器进行检测是必要的，因为可以确定故障点的位置以及故障引发的原因。在下面的故障波形分析中，用通道 A 测量 CAN-High 的电压，用通道 B 测量 CAN-Low 的电压。

(1) 故障波形 1——CAN-High 与 CAN-Low 的短路波形，见图 5-57。电压电位置于隐性电压值(大约 2.5 V)。通过插拔动力 CAN 总线上的控制单元可以判断是由于控制单元引起的短路还是由于 CAN-High 和 CAN-Low 线路连接引起的短路。当为线路短路引起的短路时，需要将 CAN 线组(CAN-High 和 CAN-Low)从线节点处依次拔取，同时注意数字示波器的波形。当故障线组被取下后，数字示波器的波形应恢复正常。

(2) 故障波形 2——CAN-High 对正极短路的波形，见图 5-58。CAN-High 线的电压电位被置于 12 V，CAN-Low 线的隐性电压也被置于大约 12 V。这是由于控制单元收发器内的 CAN-High 和 CAN-Low 的内部连接关系引起的。该故障的判断方法与故障 1 的相同。

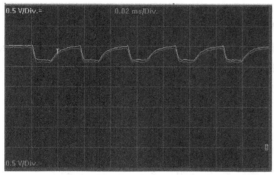
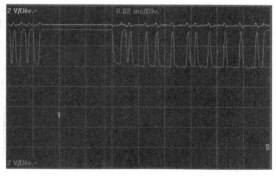

图 5-57　动力 CAN-High 与动力 CAN-Low　　　　图 5-58　动力 CAN-High 对正极短路故障的波形
　　　　　　短路故障的波形

(3) 故障波形 3——CAN-High 对地短路的波形，见图 5-59。CAN-High 的电压位于 0 V，CAN-Low 的电压也位于 0 V。可是在 CAN-Low 线上还能够看到一小部分的电压变化。该故障的判断方法与故障 1 的相同。

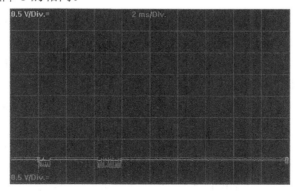

图 5-59　动力 CAN-High 对地短路故障的波形

(4) 故障波形 4——CAN-Low 对地短路的波形，见图 5-60。CAN-Low 的电压大约为

0 V，CAN-High 的隐性电压也被降至 0 V。该故障的判断方法与故障 1 的相同。

　　(5) 故障波形 5——CAN-Low 对正极短路的波形，见图 5-61。两条总线的电压大约都为 12 V。该故障的判断方法与故障 1 的相同。

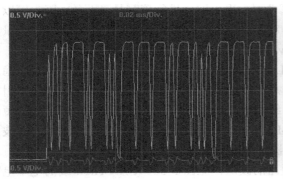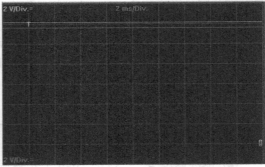

　　图 5-60　动力 CAN-Low 对地短路故障的波形　　　图 5-61　动力 CAN-Low 对正极短路故障的波形

　　(6) 故障波形 6——CAN-High 断路的波形，见图 5-62。由于电流无法再流向中央终端电阻以通过 CAN-Low 线，因此两条导线的电压均接近 1 V。如果还有其他控制单元在工作，那么图中显示出的电平就会与 CAN-High 线上的正常电压一同变化。

　　(7) 故障波形 7——CAN-Low 断路的波形，见图 5-63。由于电流无法再流向中央终端电阻以通过 CAN-High 线，因此两条导线电压均接近 5 V。如果还有其他控制单元在工作，那么图中显示出的电平就会与 CAN-Low 线上的正常电压一同变化。

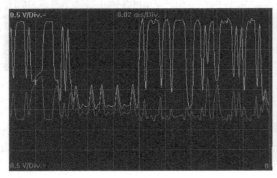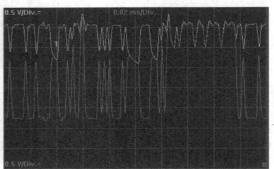

　　图 5-62　动力 CAN-High 断路故障的波形　　　　图 5-63　动力 CAN-Low 断路故障的波形

　　4) 舒适 CAN 和信息 CAN 的故障波形

　　当故障存储器记录"舒适总线故障"时，用数字示波器进行检测可以确定故障点的位置以及引发故障的原因。此外，舒适 CAN 和信息 CAN 具有单线工作能力。这意味着，在故障存储器中记录有"舒适总线单线工作"故障时，可以用数字示波器进行检测，以确定两条 CAN 总线中哪一条有故障。

　　在下面的故障波形分析中，用通道 A 测量 CAN-High 的电压，用通道 B 测量 CAN-Low 的电压。

　　(1) 故障波形 1——CAN-High 与 CAN-Low 之间短路时的波形。此时，CAN-High 和 CAN-Low 的电压电位相同。CAN-High 与 CAN-Low 之间的短路会影响所有的舒适 CAN 或

者信息 CAN。舒适 CAN 或者信息 CAN 因此而单线工作。这意味着，通信仅为一条线路的
电压电位起作用(见读取测量数据块部分)。控制单元利用该电压电位对地值确定传输数据。

在图 5-64 中，数字示波器波形为通道 A 和通道 B 的零线坐标重叠。通过设置，可以
看到 CAN-Low 线和 CAN-High 线的电压电位是相同的。

在图 5-65 中，波形也为相同信号，只是将两个通道的零线坐标分开了。

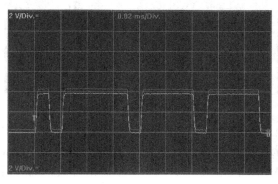 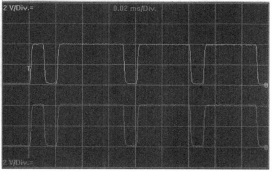

图 5-64　CAN-High 与 CAN-Low 之间短路故障的　　图 5-65　CAN-High 与 CAN-Low 之间短路故障的
　　　　零线坐标重叠波形　　　　　　　　　　　　　　　零线坐标分开波形

(2) 故障波形 2——CAN-High 对地短路的波形，见图 5-66。CAN-High 的电压置于 0 V，
CAN-Low 的电压电位正常。在该故障情况下，所有舒适 CAN 或信息 CAN 变为单线工作。
人们可能第一眼便会猜测，该故障是由于 CAN-High 断路引起的。但是，断路的波形与之
不同(见故障波形 7)。

(3) 故障波形 3——CAN-High 对正极短路的波形，见图 5-67。CAN-High 的电压电位
大约为 12 V 或者蓄电池电压，CAN-Low 的电压电位正常。在该故障情况下，所有舒适 CAN
或者信息 CAN 变为单线工作。

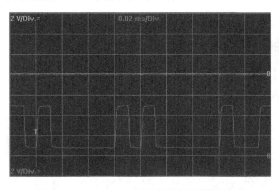 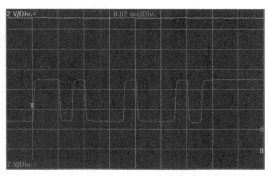

图 5-66　CAN-High 对地短路故障的波形　　　　图 5-67　CAN-High 对正极短路故障的波形

(4) 故障波形 4——CAN-Low 对地短路的波形，见图 5-68。CAN-Low 的电压置于 0 V，
CAN-High 的电压电位正常。在该故障情况下，所有舒适 CAN 或者信息 CAN 变为单线工
作。人们可能第一眼便会猜测，该故障是由断损的 CAN-Low 引起的。但是，断损的波形
与之不同(见故障波形 6)。

(5) 故障波形 5——CAN-Low 对正极短路的波形，见图 5-69。CAN-Low 线的电压电位
大约为 12 V 或者蓄电池电压，CAN-High 线的电压电位正常。在该故障情况下，所有舒适

CAN 或者信息 CAN 变为单线工作。

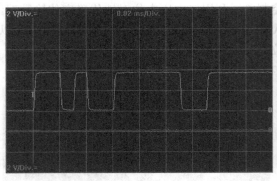

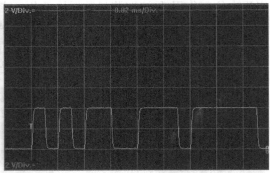

图 5-68　CAN-Low 对地短路故障的波形　　　　图 5-69　CAN-Low 对正极短路故障的波形

（6）故障波形 6——CAN-Low 断路。在图 5-70 中，多个控制单元组成的系统发生 CAN-Low 线断路故障，检测波形如图 5-71 所示。CAN-High 的电压电位正常，在 CAN-Low 上为 5 V 的隐性电压电位和一个比特长的 1 V 显性电压电位。当一个信息内容被正确的接收时，控制单元发送这个显性电压电位。"A"部分是信息的一部分，该信息被一个控制单元所发送。若在"B"时间点收到正确的信息，则所有控制单元都同时发送一个显性的电压电位。正因为如此，该比特的电位差要大一些。

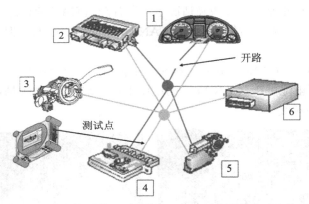

图 5-70　多个控制单元系统的 CAN-Low 的断路故障和检测

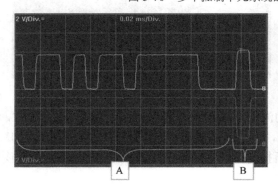

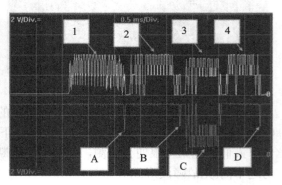

图 5-71　CAN-Low 断路故障的波形　　　　图 5-72　在较大的时间/单位值显示同一个故障

在图 5-72 的波形中，用较大的时间/单位值显示同一个故障。从这里可以看出来，信息

"1"仅在 CAN-High 上被发送，但是在 CAN-Low 上的"A"处也给予了确认答复。同样，信息 2 在"B"处给予答复。信息 3 在两条线被发送，CAN-Low 显示信息 3 的电压电位。由此分析可知，A、B、D 为单线工作，C 为双线工作。

在图 5-71 中，控制单元 1 发送一条信息，因为控制单元 1 的 CAN-Low 断路，所以其他的控制单元仅能够单线接收(如图 5-72 中 1、2 和 4)。通过对控制单元 4 连接测量，数字示波器显示控制单元 1 的发送为单线工作，控制单元 2、3、4、5 和 6 对接收给予确认答复，这在数字示波器的两个通道上都有显示(如图 5-72 中的 A、B 和 D 处)。

也可以通过测试说明这些控制单元之间没有线路断路的情况。例如：控制单元 2 发送一个信息，所有控制单元接收该信息，该信息被双线工作传送(见图 5-72 中数字示波器信息 3 和位置 C)，而控制单元 1 位只能单线接收。

(7) 故障波形 7——CAN-High 断路的波形，见图 5-73。CAN-High 断路的故障波形特点如同故障波形 6。

前面介绍的短路都是没有电阻连接的直接线路短路。在实际中还经常出现由于破损的线束导致的短路。破损的线束靠近接地或者正极，经常还带有潮气，这将使该处产生连接电阻。下面数字示波器波形显示的为有连接电阻情况的短路。

(8) 故障波形 8——CAN-High 对正极通过连接电阻短路的波形，见图 5-74。此时，CAN-High 的隐性电压电位拉向正极方向。在数字示波器波形上人们可以看出，CAN-High 的隐性电压电位大约为 1.8 V，而正常大约应为 0 V，该 1.8 V 电压是由于连接电阻引起的。电阻越小，则隐性电压电位越大。在没有连接电阻的情况下，该电压值等于蓄电池电压。

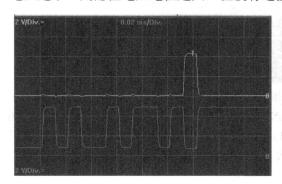 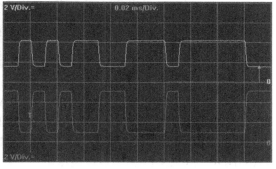

图 5-73　CAN-High 断路故障的波形　　　　图 5-74　CAN-High 对正极通过连接电阻
短路故障的波形

(9) 故障波形 9——CAN-High 通过连接电阻对地短路的波形，见图 5-75。此时，CAN-High 的显性电位移向接地方向。在数字示波器的波形上可以看到，CAN-High 的显性电压大约为 1 V，而正常的电压大约为 4 V，这 1 V 的电压是由于受连接电阻影响而产生的。电阻越小，则显性电压越小。在没有连接电阻而短路的情况下，该电压为 0 V。

(10) 故障波形 10——CAN-Low 对正极通过连接电阻短路的波形，见图 5-76。此时，CAN-Low 的隐性电压电位拉向正极方向。在数字示波器波形上人们可以看到，CAN-Low 的隐性电压电位大约为 13 V，而正常电压大约应为 5 V，该 13 V 电压是由于连接电阻引起的。电阻越小则隐性电压电位越大。在没有连接电阻的情况下，该电压值为蓄电池电压。

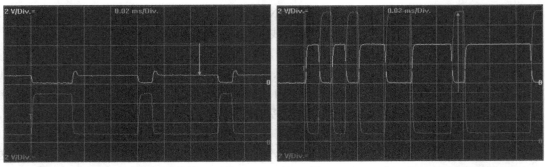

图 5-75 CAN-High 通过连接电阻对地 　　图 5-76 CAN-Low 对正极通过连接电阻

短路故障的波形　　　　　　　　　　　短路故障的波形

(11) 故障波形 11——CAN-Low 通过连接电阻对地短路的波形，见图 5-77。此时，CAN-Low 的隐性电压电位拉向 0 V 方向。在数字示波器波形上人们可以看到，CAN-Low 的隐性电压电位大约为 3 V，而正常电压大约应为 5 V，该 3 V 电压是由于连接电阻引起的。电阻越小则隐性电压电位越小。在没有连接电阻的情况下，该电压值为 0 V 电压。

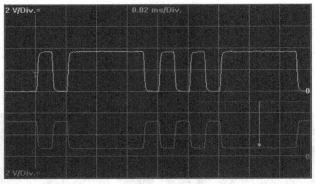

图 5-77 CAN-Low 通过连接电阻对地短路故障的波形

(12) 故障波形 12——CAN-High 与 CAN-Low 之间通过连接电阻短路的波形，见图 5-78。在短路的情况下，CAN-High 与 CAN-Low 的隐性电压电位相互靠近。CAN-High 的隐性电压大约为 1 V，而正常值为 0 V；CAN-Low 的电压大约为 4 V，而正常值为 5 V。CAN-High 与 CAN-Low 的显性电压电位为正常。

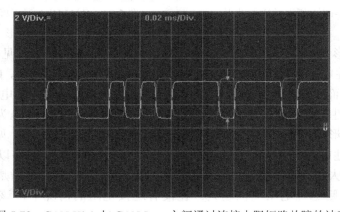

图 5-78 CAN-High 与 CAN-Low 之间通过连接电阻短路故障的波形

3. 总线传输系统的自诊断

带有 CAN 数据总线的多路传输系统支持自诊断功能，但是 CAN 数据总线不同于普通 K 线的传递方式，其对检测仪的要求很高。也就是说普通的解码器不能满足带有 CAN 数据传输系统的检测要求，但是支持带有 CAN 数据传输系统的解码器却能兼容具有 K 线传递的系统。

1) 故障自诊断原理

在设计汽车电子控制系统的同时，增加了故障自诊断功能模块。故障自诊断模块监测的对象是电控汽车上的各种传感器、电子控制系统本身以及各种执行元件，故障判断正是针对上述三种对象进行的。故障自诊断模块共用汽车电子控制系统的信号输入电路，在汽车运行过程中不断监测上述三种对象的输入信号。当某一信号超出对应的范围或元件出现故障时，将把这一故障以故障码的形式存入内部存储器，同时点亮仪表盘上的故障指示灯。针对三种监控对象产生的故障，故障自诊断模块采取如下不同的应急措施：

(1) 当某一传感器或电路产生故障后，其信号就不能再作为汽车的控制参数。为了维护汽车的运行，故障自诊断模块便从其程序存储器中调出预先设定的经验值，以作为该电路的应急输入参数，从而保证汽车可以继续工作。

(2) 当电子控制系统自身产生故障时，故障自诊断模块便触发备用控制回路对汽车进行简单的应急控制，使汽车可以开到修理厂进行维修，这种应急功能叫做"安全回家功能"。

(3) 当某一执行元件出现可能导致其他元件损坏或严重后果的故障时，为了安全起见，故障自诊断模块会采取一定的安全措施，自动停止某些功能的执行，这种功能称为故障保险。如：当点火器出现故障时，故障自诊断模块就会切断燃油喷射系统的电源，使喷油嘴停止喷油，防止未燃烧混合气体进入排气系统，从而引起爆炸。

2) 自诊断系统的功能

(1) 发现故障。输入到微处理器的电压信号，在正常状态下有一定的范围。如果此范围以外的信号被输入时，ECU 就会诊断出该信号系统处于异常状态下。例如，发动机冷却水温信号系统规定正常状态时，传感器的电压是 0.08 V～4.8 V(−50℃～+139℃)，超出这一范围即被诊断为异常。如果微机本身发生故障，则由设有紧急监控定时器(WDT)的限时电路加以监控。如果出现程序异常，则定期进行限时电路的再设置以停止工作，以便采用微机再设置的故障检测方法。

(2) 故障分类。当微处理器工作正常时，通过诊断程序检测输入信号的异常情况，再根据检测结果分为轻度故障、引起功能下降的故障以及重大故障等，并且将故障按重要性分类，预先编辑在程序中。当微处理器本身发生故障时，则通过 WDT 进行故障分类。

(3) 故障报警。一般通过设置在仪表板上的报警灯的闪亮来向车主报警。在装有显示器的汽车上，也有直接用文字来显示报警内容的。

(4) 故障存储。当检测故障时，可以使用在存储器中存储的故障代码。一般情况下，即使点火开关处于断开位置，微处理器和存储部分的电源也保持接通状态而使存储的内容不会丢失。只有在断开蓄电池电源或拔掉熔丝时，由于切断了微处理器的电源，存储器内的故障码才会被消除。

(5) 故障处理。在汽车运行过程中如果发生故障，为了不妨碍正常行驶，由微处理器进行调控，即利用预编程序中的代用值(标准值)进行计算以保持基本的行驶性能，待停车后再由车主或维修人员进行相应的检修。

(6) 故障自诊断模块。从上述基本工作原理的分析来看，故障自诊断模块应该包括监测输入、逻辑运算及控制、程序及数据存储器、备用控制回路、信息和数据驱动输出等模块。

3) 具有 CAN 多路传输系统的车辆对故障诊断仪的要求

(1) 能够自动识别汽车控制电脑的型号和版本。故障诊断仪应能够自动识别当前测试车型的控制电脑型号和版本，而不用人工选择车款、车型、诊断插座类型等信息。一旦识别了 ECU 的型号，相应的故障码、清码方法、数据流内容、执行元件、特殊功能等就都确定了。

(2) 能够完全访问汽车控制电脑上开放的存储资源。在汽车故障自诊断系统的设计过程中，预留了很多供外部诊断设备访问的存储单元，这些存储单元存放了反映汽车运行过程中非常重要的数据。外部诊断设备要能够安全访问这些存储资源，必须 100%地按照该车型的诊断通信协议中的所有通信方式进行访问。

(3) 能够按照原厂要求显示不失真地从汽车控制电脑上获取的数据。完全按照诊断通信协议获得诊断数据之后，必须按照原厂要求显示这些数据，每一项数据都有一定的显示格式。如：不同的数据，它显示的整数位、小数位、单位以及空白位置等都有明确的规定。

(4) 必须支持以下五个功能：

① 读取故障码；

② 清除故障码；

③ 动态数据分析；

④ 执行元件测试；

⑤ 对特定的车系/车型支持专业功能。如提供系统基本调整、自适应匹配(含防盗电脑及钥匙匹配)、编码、单独通道数据、登录系统、传送汽车底盘号等专业功能。

4) CAN 数据总线自诊断系统所能识别的故障记忆

(1) 一条或两条数据线断路；

(2) 两数据线同时断路；

(3) 数据线对地短路或对正极短路；

(4) 一个或多个控制单元有故障。

5.6　CAN 总线的相关故障实例

1. CAN 总线系统不休眠导致的漏电故障

1) 故障现象

一辆奔驰 S350 车，底盘为 220、发动机型号为 272。车主反映此车有漏电现象，停放一晚上就无法启动，要跨接电池，或重新充电后才能启动。

2) 故障诊断

对于漏电，要确定是用电设备、还是 CAN 总线没有进入修眠状态造成的，或者是电池内部自身原因漏电造成的。

首先要检查静态电流消耗是多少。关掉车上所有用电设备，关掉所有车门并锁好，但后备箱必须打开，把后备箱锁锁好就行了，否则无法测静态电流。

将带电流钳的万用表卡在电源线上或将万用表电流挡串在电池负极线与电池负极头上，再断开电池负极线，然后按照维修资料介绍等 20 min 再记录当前的数据。查维修资料的数据可知，正常静态电流消耗只有 50 mA 左右，最多不能超过 60 mA。

经检查，静态电流在 1 A～0.9 A 之间变动，即静态电流消耗超出正常值范围。接下来就要通过电源确定发生故障的用电设备，看是哪个保险丝支路存在漏电。经过查找，发现拔掉保险丝继电器盒上的 62 号保险丝后，静态电流就会恢复到正常水平。查找维修资料可知，62 号保险丝是带组合功能的气动控制单元，简称 PSE 控制模块。PSE 控制模块的位置在后备箱左侧轮罩上方的镶板上，其功能是气动促动中央锁止系统、折合式后座头枕、伺服门锁系统、多仿形座椅控制、遥控开启和锁止后备箱。双压泵被集成到 PSE 控制模块以达到气压过量和真空供应。

接下来检查 PSE 控制模块的漏电原因。在正常情况下，关掉点火开关、把车门锁好以后，过一会 PSE 控制模块就会进入休眠状态，也就不会再有那么大的放电电流。PSE 控制模块是否进入休眠状态，要用示波器看它的 CAN 信号的波形。在前驾驶座椅下找到 CAN 总线接线座，把示波器连上，调好仪器，看是否有波形。如果系统进入休眠，示波器就不会有波形，而是显示高电压和低电压两个 CAN 信号。但实际上，等了好长的时间 CAN 线都没有进入休眠状态，而一拔掉 PSE 控制模块，很快便进入休眠状态，这就是说这个控制模块不能够进入休眠状态。为什么 PSE 控制模块不进入休眠状态？所读取的 PSE 控制模块故障码显示后备箱开关有故障。查看实际值后发现，后备箱按钮开关一直处于关状态。再打开后备箱，按下开关后发现锁的按钮有点卡，卡在按下位置便弹不回来了，但多按几下可弹回，这时再去看它的 CAN 信号波形，不多久就进入休眠了。此时再看放电电流只有 60 多毫安，基本符合标准。

也就是说，此次故障是由于后备箱按钮开关卡在关闭位置，长时间都有锁后备箱的信号发送到 PSE 控制模块，从而 PSE 控制模块不能进入休眠，不断向 CAN 发送信号引起的。

3) 故障排除

更换后备箱开关，故障得以排除。

2. CAN 总线故障导致日产天籁 ABS 灯亮以及灯光不受控制

1) 故障现象

一辆 2006 年生产的东风日产天籁汽车，用户报修项目为前照灯无法关闭；ABS 灯亮；前雾灯无法打开，后雾灯正常；转向灯和警示灯正常；小灯和前照灯不受灯光组合开关控制，常亮，但是仪表各种灯光的指示灯正常；同时刮水器电机不受开关控制，但是喷水正常；车速里程表不工作。

2) 故障诊断

用 X-431 进入各个系统，读取发动机系统故障码 U1001(CAN 通信线)、ABS 和 BCM 故障码 U1000(CAN 通信线)。查阅维修手册后发现，对这两个故障码的解释都是本控制单元不能与其他控制单元通信，因此可判断是 CAN 线路出了问题。

向用户仔细询问故障出现的次数和情形，知道了故障是当天出现，但是以前曾经有过晚上在凹凸不平的路上颠簸一下就出现灯光自动熄灭的情况，然后又自动好了。从用户反映的情况来看，也可判断应该是线路导致的问题。结合故障码和用户反映的情况，可决定先从 CAN 线路开始检查。CAN 系统的电路图如图 5-79、图 5-80、图 5-81 所示。

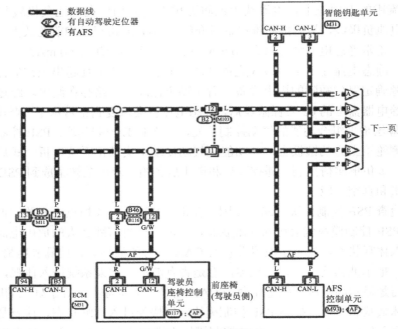

图 5-79 CAN 系统图(1)

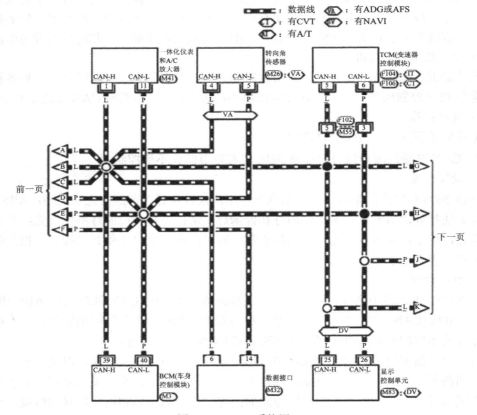

图 5-80 CAN 系统图(2)

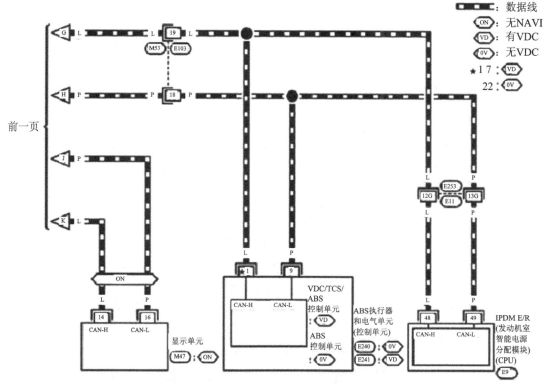

图 5-81　CAN 系统图(3)

　　天籁车的前远/近光灯、前雾灯、驻车灯、牌照灯、尾灯都是先由 BCM 接收到灯光组合开关的请求信号,然后从 39 和 40 号脚(如图 5-81 所示)经过 CAN 线传送到发动机室智能电源分配模块的 48 和 49 脚(如图 5-81 所示),最后由 IPDM E/R 控制相应的灯光点亮;转向灯和危险警告灯则是 BCM 接收到开关请求信号后直接由 BCM 控制点亮;同时 BCM 通过 CAN 通信线向一体化仪表和 AC 放大器的 1 和 11 脚发送信号,仪表从而点亮各种灯光指示灯;前刮水器则是 IPDM E/R 根据来自 BCM 的 CAN 信号对前刮水器电机进行控制,而前刮水器喷水是由刮水器组合开关直接控制的。

　　从 BCM 读取各个灯光开关和雨刮组合开关的信号,发现均正常,这就证明了灯光开关和刮水器组合开关的各种开关信号已经正常传递到了 BCM。从故障现象看,应该是通往IPDM E/R 的 CAN 线路出了问题或者 IPDM E/R 本身有问题。从 CAN 的系统图上可以看出,CAN 线从驾驶舱内出来经过了 E103 插头的 18 和 19 号脚(如图 5-81、图 5-82 所示),然后穿过发动机室的防火墙从右前翼子板内到达 IPDM E/R 的 E253 插头的 48 和 49 脚。测量E103 插头的 18 和 19 号脚及 IPDM E/R 的 E253 插头的 48 和 49 脚发现,E103 插头的 19号脚到 IPDM E/R 的 E253 插头的 48 号脚的线路不通(CAN-H),由此判断问题出在这段线路上。拆下右前照灯和右前翼子板,发现该车曾经出过大事故,从驾驶室内出来的那段线束在事故的时候撞断过,在其他修理厂修理时还曾经接过一段线,但当时 CAN-H 没有接牢靠,且 CAN 的双线也没有互绞在一起,如图 5-83 所示。而且该段线束刚好通往 ABS 控制单元插头 E240,如图 5-82 所示,这也是为什么 ABS 灯会点亮而且车速里程表不工作的原因,因为 ABS 无法将车速信号经过 CAN 通信线路传送到一体化仪表和 AC 放大器。

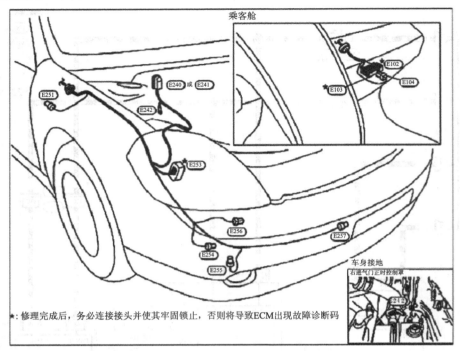

图 5-82　CAN 线束的布置示意图

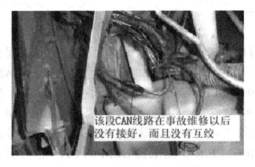

图 5-83　未接好的 CAN 线束

3) 故障排除

将 CAN 线重新接好并且互绞后仔细包好，清除故障码、启动车辆，一切都恢复正常。

第6章

LIN 总线和 MOST 总线

随着人们对车辆操控性和舒适性的要求越来越高，车上采用的电子部件也越来越多。1994 年，在第一代奥迪 A8 车上，只需 15 个控制单元就可控制该车的所有功能，而 2003 年的奥迪 A8 车使用的控制单元数目则增长了四倍。

由于使用的电子部件越来越多，各个控制单元之间的数据传递就要求采用新的传送通道，但是 CAN 数据总线系统已不能满足数据传输性能的多样化要求，因此一些新型的网络传输系统，如 LIN、MOST、Bluetooth™ 等数据总线传输系统便应运而生。例如奥迪 A8 轿车的车载网络系统就包含了以上多种总线传输系统，其车载网络拓扑图如图 6-1 所示。

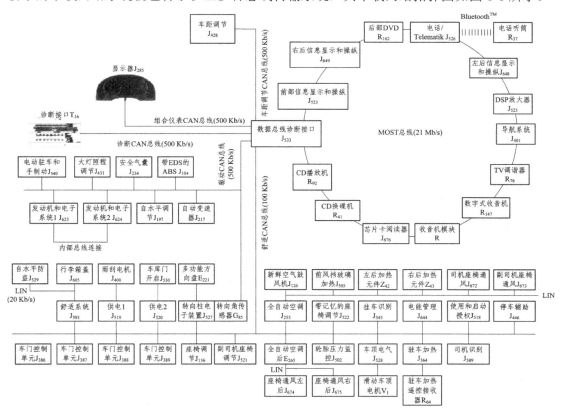

图 6-1　奥迪 A8 轿车的车载网络拓扑图

6.1　LIN 总线

6.1.1　概述

　　LIN 是 Local Interconnect Network 的缩写。Local Interconnect(局域互联)表示所有的控制单元都装在一个有限的空间内(如车顶),所以它也被称为"局域子系统"。如图 6-2 所示为奥迪 A8 中带有 LIN 总线单元的舒适系统。

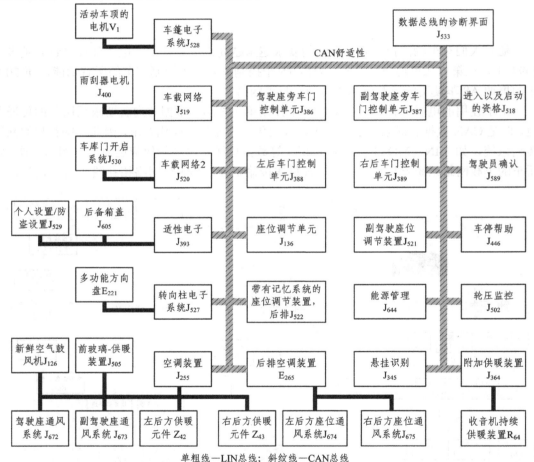

单粗线—LIN总线;　斜纹线—CAN总线

图 6-2　奥迪 A8 中带有 LIN 总线单元的舒适系统

　　A 级网络目前首选的标准是 LIN 总线。LIN 总线是用于汽车分布式电控系统的一种新型低成本串行通信系统。主从结构的单线 12 V 的总线通信系统,主要用于智能传感器和执行器的串行通信。

　　LIN 的标准简化了现有的基于多路的解决方案,同时降低了汽车电子装置的开发、生产和服务费用。它的媒体访问采用的是单主/多从的机制,不需要进行仲裁,在从节点中不需要晶体振荡器而能进行自同步,极大地减少了硬件平台的成本。

LIN 的目标是为现有汽车网络(例如 CAN 总线)提供辅助功能，因此 LIN 总线是一种辅助的总线网络。在不需要 CAN 总线的带宽和多功能的场合，比如智能传感器和制动装置之间的通信，使用 LIN 总线可大大节省成本。LIN 的主要特性如下：

(1) 低成本，因为几乎所有基于通用 UART 接口的微控制器都具备 LIN 所必需的硬件；

(2) 只需要一根数据传输线；

(3) 传输速率最高可达 20 Kb/s；

(4) 单主控器/多从设备模式无需仲裁机制，通过单主/多从的原则即可保证系统安全；

(5) 从节点不需晶振或陶瓷震荡器就能实现自同步，节省了从设备的硬件成本；

(6) 保证信号传输的延迟时间；

(7) 不需要改变 LIN 从节点的硬件和软件，就可以在网络上增加节点；

(8) 通常一个 LIN 网络上的节点数目小于 12 个，共有 64 个标志符。

车上各个 LIN 总线系统之间的数据交换是由主控制单元通过 CAN 数据总线实现的。例如，奥迪 A6 05 空调系统的 LIN 总线子系统如图 6-3 所示。

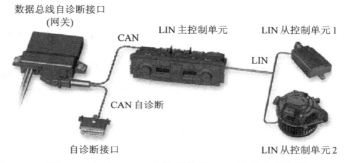

图 6-3　奥迪 A6 05 空调系统的 LIN 子系统实物图

LIN 总线系统是单线式，底色是紫色，有标志色。该线的横截面面积为 0.35 mm^2，无需屏蔽。该系统允许一个 LIN 主控制单元最多与 16 个 LIN 从控制单元进行数据交换。

6.1.2　LIN 总线的组成和工作原理

1．LIN 主控制单元

LIN 主控制单元连接在 CAN 数据总线上，如图 6-3 所示。它执行 LIN 的主功能，其主要作用如下：

(1) 该控制单元用于监控数据传递和数据传递的速率，并发送信息标题。

(2) 该控制单元的软件内设定了一个周期，这个周期用于决定何时将哪些信息发送到 LIN 数据总线上多少次。

(3) 该控制单元在 LIN 数据总线与 CAN 总线之间起"翻译"作用，它是 LIN 总线系统中唯一与 CAN 数据总线相连的控制单元。

(4) 通过 LIN 主控制单元可进行 LIN 系统自诊断。

2．LIN 从控制单元

在 LIN 数据总线系统内，单个的控制单元、传感器及执行元件都可看作 LIN 从控制单元。传感器内集成有一个电子装置，该装置用于对测量值进行分析。数值是作为数字信号通过 LIN 总线传递的。有些传感器和执行元件只使用 LIN 主控制单元插口上的一个针脚。

LIN 执行元件都是智能型的电子部件或机电部件,这些部件通过 LIN 主控制单元的 LIN 数字信号接收任务。LIN 主控制单元通过集成的传感器来获知执行元件的实际状态,然后进行规定状态和实际状态的对比。LIN 从控制单元的特点如下:

(1) 接收、传递或忽略与从主系统接收到的信息标题相关的数据;

(2) 可以通过一个"叫醒"信号叫醒主系统;

(3) 检查所接收数据的总量;

(4) 对所发送的数据的检查总量进行计算;

(5) 同主系统的同步字节保持一致;

(6) 只能按照主系统的要求同其他子系统进行数据交换。

3. 数据传递过程

一个 LIN 子系统总是在主系统发送相应的信息标题要求它发送时才向 LIN 数据总线系统发送数据。其所发送的数据可供每个 LIN 数据总线参与单元接收。工作流程如图 6-4 所示,LIN-信息 1 表示主系统要求子系统 1 提供数据;LIN-信息 2 表示主系统要求子系统 2 提供数据;LIN-信息 3 表示主系统为子系统发送数据,比如向子系统 2 发送。

图 6-4 LIN 总线的数据传递流程

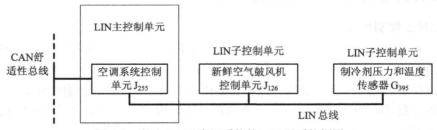

图 6-5 奥迪 A6 05 空调系统的 LIN 子系统框图

例如,如图 6-5 所示的奥迪 A6 05 空调系统的 LIN 子系统,其 LIN 总线数据传递过程如下。

(1) 带有子反馈的空调装置的 LIN 信息的传递流程如图 6-6 所示,具体说明如下:

① 空调装置在 LIN 总线系统上发送标题——查询制冷剂温度;

② 传感器 G_{395} 读取标题并进行转换,然后将当时的制冷剂温度值放到 LIN 总线系统上;

③ 制冷剂温度被空调装置识别。

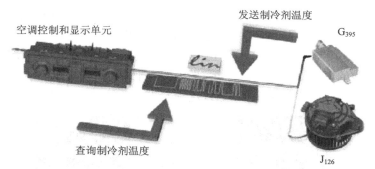

图 6-6　带有子反馈的空调装置的 LIN 信息的传递流程

(2) 带有主反馈的空调装置的 LIN 信息的传递流程如图 6-7 所示，具体说明如下：

① 空调装置在 LIN 总线系统上发送标题——调节鼓风机的等级；

② 所发送的标题用于新鲜空气鼓风机等级的调节；

③ 空调装置发送所希望的鼓风机等级；

④ 新鲜空气鼓风机读取信息，相应地控制鼓风机。

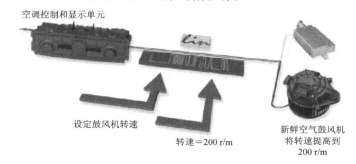

图 6-7　带有主反馈的空调装置的 LIN 信息的传递流程

4. 信号

(1) 信号电平可分为如下两种：

① 隐性电平。如果无信息发送到 LIN 数据总线上，或者发送到 LIN 数据总线上的是一个隐性信号，那么数据总线导线上的电压就是蓄电池电压。

② 显性电平。为了将显性信号传到 LIN 数据总线上，发送控制单元内的收发报机将数据总线导线接地，如图 6-8 所示。

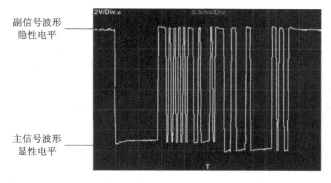

图 6-8　LIN 总线上的信号电平

(2) 信号传递安全性。在进行隐性电平和显性电平的收发时，需通过预先设定的公差值来保证数据传输的稳定性，即发送信号电压必须满足隐性电平大于电源电压的 80%、显性电平小于电源电压的 20%的条件，如图 6-9 左侧所示。为了在有干扰辐射的情况下仍能收到有效的信号，允许接收的电压值范围要宽一些，即隐性电平大于电源电压的 60%，显性电平小于电源电压的 40%，如图 6-9 右侧所示。通过这种方式可确保 LIN 总线上信号传递的安全性。

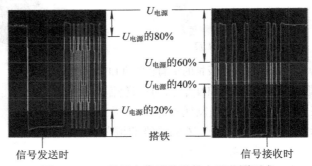

图 6-9　LIN 总线上信号传递的电压范围要求

5. 信息格式

(1) 信息标题的格式如图 6-10 所示，具体内容如下：

① 同步暂停区。同步暂停区的长度至少为 13 位(二进制的)，以显电平发送。这 13 位的长度是固定的，这样才能准确地通知所有的 LIN 子控制单元有关信息的起始点的情况。其他信息是以最长为 9 位(二进制的)的显电平来一个接一个传递的。同步暂停中的信息会连同主波形(Low-Signal 低信号)一起被发送并且明确地表示这是一个信息的开始。

② 同步限制区。同步限制区中的信息会连同从属波形一起被发送(High-Signal 高信号)并且表明这是同步暂停的结束。同步限制区至少为 1 位，且为隐性。

③ 同步区。同步区由 0101010101 这个二进制位序构成，所有的 LIN 子控制单元通过这个二进制位序来与 LIN 主控制单元进行匹配(同步)。所有控制单元的同步对于保证正确的数据交换是非常必要的。如果失去了同步性，那么接收到的信息中的某一数位值就可能会发生错误，该错误会导致数据传递错误。

④ 确认区。确认区的长度为 8 位，前 6 位是回应信息识别码和信息长度，后两位是校验位。回应数据区的个数在 0~8 之间，用于检查数据传递是否有错误。当出现识别码传递错误时，校验可防止与错误的信息适配。

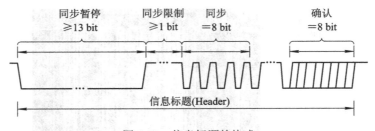

图 6-10　信息标题的格式

(2) 信息内容的格式如图 6-11 所示。在信息内容中，确认领域中确定的数据领域个数会被传输。每个数据领域都以一个主导初始符开始，紧跟着要传输的数据字节，并以一个从属终止符结束。每个数据领域的长度为 10 个位。检查总量用于识别传输的错误。

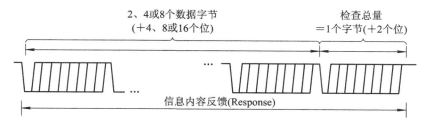

图 6-11　信息内容的格式

6. LIN 总线系统的物理结构

LIN 总线系统的物理结构如图 6-12 所示，其中的 4 个信号收发两用机中的任何一个都可以接通所属的晶体管，由此将 LIN 总线电线与负极连接。在这种情况下，会由一个发送器传输一个主导位。如果晶体管都不导通，则 LIN 总线电路上均为高电压。

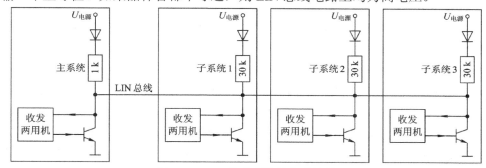

图 6-12　LIN 总线系统的物理结构

6.1.3　LIN 总线在汽车上的应用

1. LIN 在汽车上的应用范围

典型的 LIN 总线应用是汽车中的联合装配单元，如门、方向盘、座椅、空调照明灯、湿度传感器、交流发电机等。对于这些成本比较敏感的单元，LIN 广泛地使用了一些机械元件，如智能传感器制动器或光敏器件。这些元件可以很容易地连接到汽车网络中，且它们的维护很方便。在 LIN 总线的系统中通常将模拟信号量用数字信号量所替换，这将使总线性能优化。以下汽车电子控制系统若使用 LIN 来实现将会得到非常完美的效果。

(1) 车顶：湿度传感器、光敏传感器、信号灯控制、汽车顶篷等。

(2) 车门：车窗玻璃、中控锁、车窗玻璃开关、吊窗提手等。

(3) 车头：传感器、小电机、方向盘、方向控制开关、挡风玻璃上的擦拭装置、方向灯、无线电、空调、座椅、座椅控制电机、转速传感器等。

2. LIN 总线控制实例

如图 6-13 所示，雨刮器操纵信号的控制流程如下：

(1) 驾驶员将雨刮器杆放到雨刮器间歇位置；

(2) 转向柱电子设备 J_{257} 读取雨刮器杆的实际位置；

(3) J_{257} 通过舒适性 CAN 向车载控制单元发送位置信息；

(4) 车载控制单元 J_{517} 通过 LIN 向雨刮器 J_{400} 发出指令，从而运行间歇位置模式。

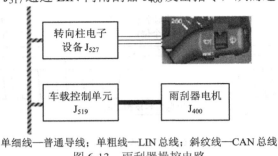

单细线—普通导线；单粗线—LIN 总线；斜纹线—CAN 总线

图 6-13　雨刮器操控电路

6.1.4　故障实例

1. 控制单元内部短路导致 LIN 总线不能通信

1) 故障现象

一辆 2010 款奥迪 Q5 车，搭载 2.0TSI 发动机(CDN)，行驶里程为 5006 km，前刮水器失灵，天窗打不开，车顶卷帘也不能开启。

2) 故障诊断

接通前风窗玻璃刮水器开关间歇挡，发现刮片始终快速工作，调节刮水器开关无效；然后连接 VAS5052A，显示前风窗玻璃后视镜底座上的雨量和光照识别传感器(G397)有故障。更换 G_{397} 后前刮水器工作恢复正常，但天窗和车顶卷帘还是打不开。

再次连接 VAS5052A，进入舒适系统控制单元(J_{393})，显示"本地数据总线 3 通信故障"。根据图 6-14 所示，可知本地数据总线 3 是 J_{245}(天窗控制单元)、J_{394}(车顶卷帘控制单元)、E_{284}(车库门操作开关)、G_{578}(防盗装置传感器)、G_{355}(湿度传感器)等控制单元通往 J_{393} 的 LIN 数据总线。

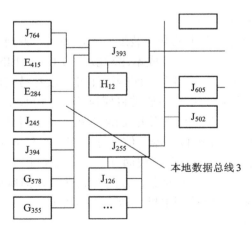

E_{284}—车库门操作开关；　E_{415}—进入及启动开关；　G_{355}—湿度传感器；　G_{578}—防盗装置传感器；
H_{12}—报警喇叭；　　　　　J_{126}—新鲜空气鼓风机控制单元；　　J_{245}—天窗控制单元；
J_{255}—自动空调控制单元；　J_{393}—舒适系统控制单元；　　　　　J_{394}—车顶卷帘控制单元；
J_{502}—轮胎压力监控控制单元；　J_{605}—行李箱盖控制单元；　　　　J_{764}—电子转向控制器

图 6-14　网络拓扑图

读取数据流发现 LIN 数据总线电平及其含义如下：

位 0——"空"；

位 1——"天窗总线电平错"；

位 2——"警报喇叭总线电平错"；

位 3——"本地总线 4 电平错"。

从数据流分析可知，这路 LIN 数据总线的故障有两种可能：一是这路 LIN 数据总线上的某控制单元或传感器有故障，导致 LIN 数据总线无法通信；二是这路 LIN 数据总线本身有问题，但要报故障的 LIN 数据总线对搭铁或对正极短路/断路。

J_{393} 与从控单元(如 J_{245}、J_{394}、G_{578}、G_{355}、E_{284} 等)相连。作为 CAN 数据总线与 LIN 数据总线间的网关，J_{393} 根据协议通过总线进行控制，控制何时通过总线发送何种信息并负责处理所有发生的故障。LIN 数据总线连接了多个从控单元，当主控单元发送了正确 ID 时，从控单元会接收。当某一从控单元出现故障时，LIN 数据总线上的其他从控单元会被关闭。

虽然现在的故障是从 J_{393} 里读取的，数据流也显示天窗总线电平错，但不能就认为 J_{245} 或 J_{393} 一定有问题。G_{397} 既然已损坏，应分析其损坏的原因。G_{397} 是通过另一路 LIN 数据总线将信号输送到车载电网控制单元(J_{519})并由 J_{519} 控制刮水器动作的。询问驾驶人得知，上述故障是在汽车装潢店为前风窗玻璃贴太阳膜后出现的，而 G_{397} 与 G_{355} 是装在前风窗玻璃后视镜底座上的。拆下后视镜底座，将 G_{355} 拆下打开，发现 G_{355} 有进水痕迹，且其电路板上存在氧化物。

G_{355} 是湿度传感器，用于测量空气湿度、传感器周围温度和前风窗玻璃温度。该车具有自动除霜功能，当车内温度较高而车外温度较低、风窗玻璃出现结雾时，J_{393} 会根据 G_{355} 的信号判断结雾趋势，并适时启动除霜功能，以防风窗玻璃上结雾。由于 G_{355} 进水而导致内部电路短路，使其无法与 J_{393} 通信，J_{393} 将无法联络 LIN 数据总线上的所有从控单元，J_{245} 和 J_{394} 等从控单元被关闭，所以天窗和卷帘无法工作。

3) 故障排除

因为 G_{355} 传感器外围电路正常，供电和搭铁良好，LIN 数据总线连接正常，且更换一只 G_{355} 价格近千元，于是使用棉球粘上酒精，清洗电路板及外壳，然后晾干、装复试机，从而使得天窗和车顶卷帘启闭正常。

2. 线路短路造成 LIN 总线不通信

1) 故障现象

一辆 2006 年出厂的上海大众保罗(POLO)自动挡轿车，采用的是 BCC 发动机，累计行驶约 8.1 万 km，出现右前、右后、左后电动车窗不能升降，但左前电动车窗能正常工作的现象。

2) 故障诊断

通过检查发现，操纵驾驶人侧车窗升降开关(E_{40})，驾驶人侧车窗能正常升降；操纵驾驶人侧电动窗主开关板上的右前车窗升降开关(E_{81})、右后车窗升降开关(E_{55})、左后车窗升降开关(E_{53})，车窗均不能升降；分别按下右前、右后、左后车门上的车窗升降开关也不能控制该侧车窗升降。

连接 VAS505lB，接通点火开关，点击引导性功能，查询舒适系统控制单元内的故障储存，没有发现故障代码；转到自诊断功能，进入舒适系统查看舒适系统控制单元内的编码是否正确。查看后发现编码为 19，即正常。因为该车的车门控制单元采用的是 LIN-BUS 总线控制，其控制原理为：左前车门的控制单元是 LIN-BUS 主控制单元，右前、右后、左后的车门控制单元是 LIN-BUS 从控制单元，当按动驾驶人侧主开关板上右前车窗升降开关(E_{81})时，开关信号会传送给驾驶人侧车门控制单元(J_{386})；J_{386} 将开关信号转换为数字信号，然后通过 LIN-BUS 总线传输到右前车门控制单元；右前车门控制单元接收到相应的信号后，执行右前电动车窗升降。两后门车窗的控制原理也是一样的。因为驾驶人侧车窗升降开关(E_{40})直接将开关信号输送给 J_{386}，J_{386} 接收到开关信号后立即执行左前车门的电动车窗升降，因此左前车门的电动车窗升降和 LIN-BUS 总线没有关系。

通过查阅电路图，发现 4 个车门控制单元的电源都是由 S_{163} 熔丝供给的。S_{163} 熔丝在发动机室内蓄电池熔丝架上，该熔丝还给燃油泵继电器、X 触点继电器、燃油泵预供电继电器、转向信号灯开关供电。发动机能正常起动，转向信号灯也能正常工作，因此可以判定熔丝 S163 正常；4 个车门控制单元的搭铁点在换挡杆前的中央通道上，是共用的搭铁点，所以怀疑可能是线路内部断路造成这种现象。为了排除这种可能性，拆开右前门内饰板，拔下右前车门控制单元上的 8 针黑色导线侧连接器，测量其上端子 2(与红/黄色导线相连)、端子 1 与棕色导线间的电压，结果约为蓄电池电压，说明供电正常。

根据以上分析和测量结果，判断其他 3 个车门电动车窗不能升降可能与 LIN-BUS 总线有直接的关系。

接着检查 LIN-BUS 总线的通信是否存在断路现象。测 J_{386} 与右前车门控制单元(J_{387})导线连接器间的 LIN-BUS 总线(白/紫色导线)是否导通，结果电阻为无穷大，表明该线路断路。查阅布线图得知 J_{386} 与 J_{387} 间的 LIN-BUS 总线(紫/白)中间有 2 个线束连接器，分别在左前、右前 A 柱中部。接下来分段测量该 LIN-BUS 总线。测量 J_{386} 与左前 A 柱中部连接器间该导线的电阻为无穷大，因此把左前车门的线束抽出检查，发现 LIN-BUS 总线(紫/白)已经折断。

3) 故障排除

修复折断的 LIN-BUS 总线。

6.2　MOST 总线

6.2.1　MOST 总线简介

在奥迪 A8 车上，还使用了光纤数据总线系统，这种数据总线系统被称为 MOST 总线(MOST 是 Media Oriented System Transport 的缩写)。MOST 是一种用于多媒体数据传送的网络系统。

在奥迪车上，MOST 技术用于信息系统的数据传递。信息系统能提供很多信息及娱乐多媒体服务，如图 6-15 所示。

DVD 视频

DAB 数字收音机

电话
Telematik

中央显示
和操纵

TV 接收

CD/DVD 导航

Internet
E-Mail

袖珍CD/CD 音频

图 6-15　基于 MOST 总线的信息系统

1. 多媒体传输的速率

这种光纤数据传输对于实现信息系统的所有功能具有重要意义，因为以前所使用的 CAN 数据总线系统的传输速度无法满足相应的数据量的传送。

视频和音频所要求的数据传输率达 Mb/s，如图 6-16 所示。仅仅是带有立体声的数字式电视信号，就需要约 6 Mb/s 的传输速度。而 MOST 总线的传输速率可达到 21.2 Mb/s。

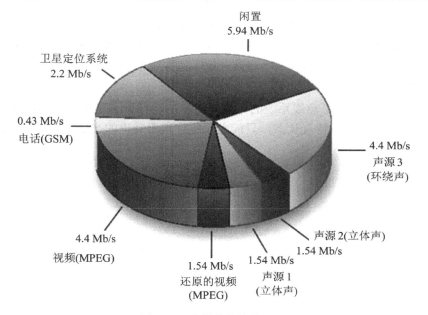

闲置
5.94 Mb/s

卫星定位系统
2.2 Mb/s

0.43 Mb/s
电话(GSM)

4.4 Mb/s
声源 3
(环绕声)

声源 2(立体声)
1.54 Mb/s

4.4 Mb/s
视频(MPEG)

1.54 Mb/s
还原的视频
(MPEG)

1.54 Mb/s
声源 1
(立体声)

图 6-16　多媒体的传输速率

以前的视频和音频信号都只能以模拟信号传送，线束用量很大，如图 6-17 所示。CAN 总线系统的最大传输速率为 1 Mb/s，因此 CAN 总线只能用来传递控制信号。

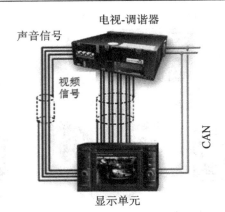

图 6-17　传统多媒体信号传输的解决方案

在 MOST 总线中，相关部件之间的数据交换是以数字方式来进行的。通过光波进行数据传递有导线少且重量轻的优点，另外传输速度也快得多，如图 6-18 所示。

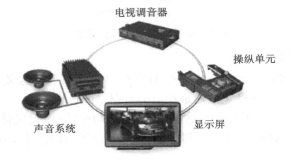

图 6-18　多媒体的 MOST 总线传输

与无线电波相比，光波的波长更短，因此它不会产生电磁干扰，同时对电磁干扰也不敏感。这些特点就决定了其传输速率很高且抗干扰性也很强。

2．MOST 总线系统的状态

(1) 休眠模式。MOST 总线系统的休眠模式如图 6-19 所示。这时，MOST 总线内没有数据交换，所有装置处于待命状态，只能由系统管理器发出的光启动脉冲来激活，静态电流被降至最小值。

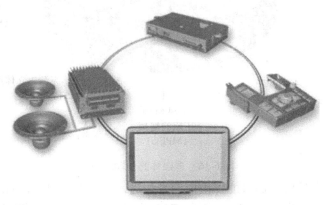

图 6-19　休眠模式

启动睡眠模式的前提条件如下：

① 总线上的所有控制单元显示为准备进入睡眠模式；

② 其他总线系统不经过网关向 MOST 提出要求；

③ 诊断不被激活。

(2) 备用模式。MOST 总线系统的备用模式如图 6-20 所示。备用模式无法为用户提供任何服务，给人的感觉就好象是系统已经关闭一样。这时，MOST 总线系统在后台运行，但所有的输出介质(如显示屏、收音机放大器等)都不工作或不发声。这种模式在启动及系统持续运行时被激活。

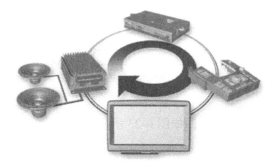

图 6-20　备用模式

启动备用模式的前提条件如下：

① 可由其他数据总线经由网关激活，比如，驾驶座位旁车门打开/关闭；

② 可以由总线上的一个控制单元激活，比如一个要接听的电话。

(3) 通电工作模式。MOST 总线系统的通电工作模式如图 6-21 所示。此时，控制单元完全接通，MOST 总线上有数据交换，用户可使用所有功能。

图 6-21　通电工作模式

启动通电工作模式的前提条件如下：

① MOST 总线处在备用模式；

② 可由其他数据总线激活；

③ 可以通过使用者的功能选择来激活，如通过多媒体 E_{380} 的操纵单元。

6.2.2　MOST 总线的组成和工作原理

MOST 网络的每一个控制单元内都装有一个光电转换器和一个电光转换器。MOST 环形总线的结构为两个控制单元之间以光学方式点对点连接，如图 6-22 所示。

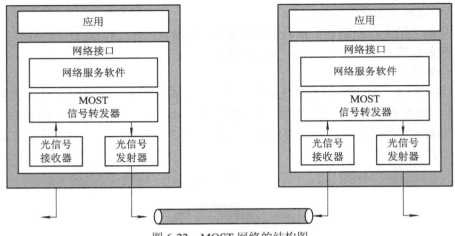

图 6-22　MOST 网络的结构图

1．控制单元

MOST 总线控制单元的主要部件如图 6-23 所示。

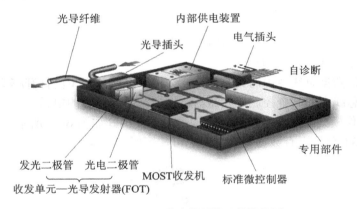

图 6-23　MOST 总线控制单元的结构图

（1）光导纤维和光导插头。光信号通过光导纤维和光导插头进入控制单元，或传往下一个总线用户，如图 6-24 所示。

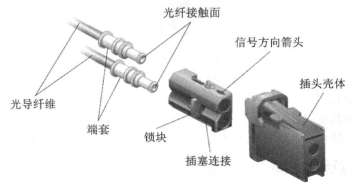

图 6-24　光纤插头的结构图

（2）电气插头。该插头用于供电、环断裂自诊断以及输入/输出信号，如图 6-25 所示。

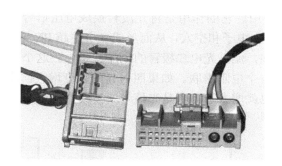

图 6-25　MOST 网络的接口插头

(3) 内部供电装置。由电气插头送入的电再由内部供电装置分送到各个部件，这样就可单独关闭控制单元内的某一部件，从而降低了静态电流。

(4) 收发单元－光导发射器(FOT)。该装置由一个光电二极管和一个发光二极管构成。到达的光信号由光电二极管转换成电压信号后传至 MOST 收发机。发光二极管的作用是把 MOST 收发机的电压信号再转换成光信号。转换出的光波的波长为 650 nm，是可见红光。数据经光波调制后由光导纤维传到下一个控制单元。

(5) MOST 收发机。

MOST 收发机由发射机和接收机两个部件组成。发射机将要发送的信息作为电压信号传至光导发射器。接收机接收来自光导发射器的电压信号并将所需的数据传至控制单元内的"标准微控制器(CPU)"。控制单元不需要的其他信息由收发机来传送，而不是将数据传到 CPU 上，这些信息原封不动发送至下一个控制单元。

(6) 标准微控制器(CPU)。标准微控制器(CPU)是控制单元的核心元件，它的内部有一个微处理器，用于操纵控制单元的所有基本功能。

(7) 专用部件。这些部件用于控制某些专用功能，例如 CD 播放机和收音机调谐器。

2. 光电二极管

(1) 光电二极管的结构见图 6-26。光电二极管内有一个 PN 结，光可以照射到这个 PN 结上。

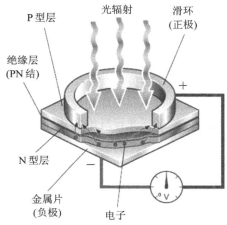

图 6-26　光电二极管的结构图

(2) 光电二极管的作用。它的作用是将光波转换成电压信号。如果光或红外线辐射照到 PN 结上，就会产生自由电子和空穴，从而形成一个穿越 PN 结的电流。也就是说，作用到光电二极管上的光越强，流过光电二极管的电流就越大。这个过程称为光电效应。

光电二极管反向与一个电阻串联。如果照射光的强度增大，流过光电二极管的电流增大，那么电阻上的压降也就增大了，于是光信号就被转换成电压信号了，如图 6-27 所示。

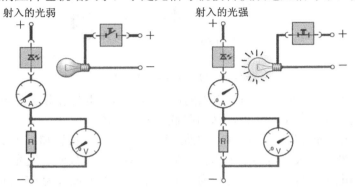

图 6-27　光电效应

3．光导纤维

光导纤维的任务是将在某一控制单元发射器内产生的光波传送到另一控制单元的接收器，如图 6-28 所示。

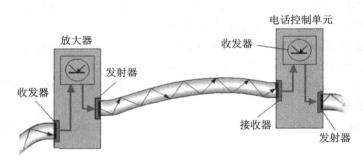

图 6-28　光导纤维内的光波传送

(1) 使用光导纤维的注意事项如下：

① 光波是直线传播的，不可弯曲，但光波在光导纤维内必须以弯曲的形式传播。

② 发射器与接收器之间的距离应可以达到数米远。

③ 机械应力作用如振动、安装等不应损坏光导纤维。

④ 在车内温度剧烈变化时应能保证光导纤维的功能。

(2) 车载光导纤维应具有的特点如下：

① 光波在光导纤维中传送时的衰减应较小。

② 光波应能通过弯曲的光导纤维来传送。

③ 光导纤维应是柔性的。

④ 在 −40℃～85℃的温度范围内，光导纤维应能保证功能。

(3) 光导纤维的结构。光导纤维由多层构成，如图 6-29 所示。纤芯是光导纤维的核心部分，是用有机玻璃制成的光导线。纤芯内的光根据全反射原理几乎无损失地传导。透光的涂层由氟聚合物制成，它包在纤芯周围，对全反射起关键作用。黑色包层由尼龙制成，它用来防止外部光的照射。彩色包层起到识别、保护及隔温作用。

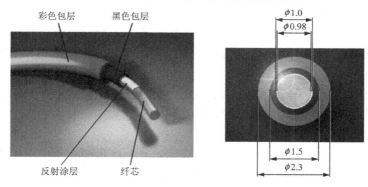

图 6-29　光导纤维的结构

(4) 光波在光导纤维中的传送有如下几种情况。

① 在直的光导纤维中传送。光导纤维将一部分光波沿直线传送，但绝大部分光波是按全反射原理在纤芯表面以 "之" 字形曲线传送的，如图 6-30 所示。

② 在弯的光导纤维中传送。光波通过全反射在纤芯的涂层界面上反射，从而可以弯曲传送，如图 6-31 所示。

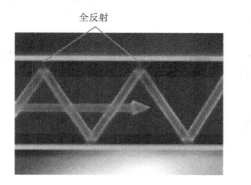

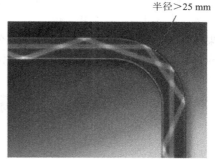

图 6-30　光波在直的光导纤维中传送　　　　　图 6-31　光波在弯的光导纤维中传送

③ 全反射。当一束光以小角度照射到折射率高的材料与折射率低的材料之间的界面时，那么光束就会被完全反射，这就叫做全反射，如图 6-32 所示。

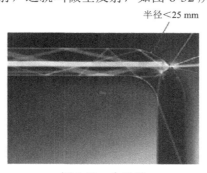

图 6-32　全反射

　　　光导纤维中的纤芯是折射率高的材料，涂层是折射率低的材料，所以全反射发生在纤芯的内部。这个效应取决于从内部照射到界面的光波角度。如果该角度过陡，那么光波就会离开纤芯，从而造成较大损失。当光导纤维弯曲或弯折过度时就会出现这种情况。光导纤维的曲率半径不可小于 25 mm。

　　　(5) 光纤端面。为了使传输过程中的损失尽量小，光导纤维的端面应光滑、垂直、洁净，因此应使用专用的切削工具。但需要注意的是，切削面上的污垢和刮痕会加大传送损失(衰减)。

　　　光通过纤芯的端面传送至控制单元的发射器/接收器。在生产光导纤维时，为了将光导纤维固定在插头壳体内，使用了激光焊接的塑料端套或黄铜端套。

4. 光纤总线内的信号衰减

　　　(1) 光纤总线内的信号衰减的定义。为了能对光导纤维的状态做出评价，就需要测量信号衰减的情况。如果在传输的过程中，光波的功率减小了，这种情况就称为衰减。衰减(A)用分贝(dB)来表示。分贝不是一个绝对值，它是两个值的比值。因此分贝也就没有被定义成专门的物理量。例如：在确定声压和音量时也会用到分贝这个单位。在进行衰减测量时，衰减值是对发射功率和接收功率的比值取对数后得出的。其计算公式为

$$衰耗常数(A) = 10 \lg(发射功率/接收功率)$$

　　　例如

$$10 \lg(20W/10W) = 3 \text{ dB}$$

　　　这就是说，对于衰耗常数为 3 dB 的光导纤维来说，光信号会衰减一半。由此可知，衰耗常数越大，信号传送的效果就越差。

　　　如果有几个部件一同传送光信号，那么与电气部件中串联的电阻相似，各个部件的衰耗常数应加起来成为一个总的衰耗常数，如图 6-33 所示。

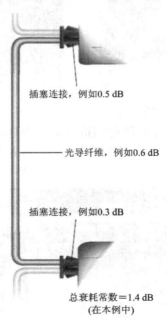

图 6-33　光纤总线内的信号衰减

注：由于每个控制单元都会在 MOST 总线内发送光波，所以关注两个控制单元之间的总衰耗常数才有意义。

(2) 光纤数据总线信号衰减增大的主要原因如图 6-34 所示，具体说明如下：

1——光导纤维的曲率半径过小。如果光导纤维弯曲(折叠)的半径小于 5 mm，那么在纤芯的拐点处就会产生模糊(不透明，与折叠的有机玻璃相似)，这时必须更换光导纤维。

2——光导纤维的包层损坏。

3——端面刮伤。

4——端面脏污。

5——端面错位(插头壳体碎裂)。

6——端面未对正(角度不对)。

7——光导纤维的端面与控制单元的接触面之间有空隙(插头壳体碎裂或未定位)。

8——端套变形。

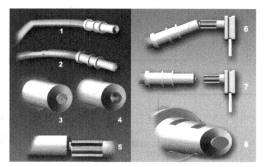

图 6-34　光纤数据总线信号衰减增大的主要原因

5．MOST 总线的环型结构

MOST 总线的环型结构如图 6-35 所示。

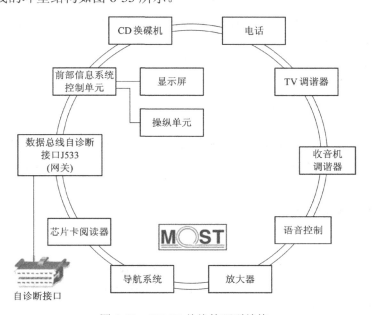

图 6-35　MOST 总线的环型结构

(1) 环型结构。MOST 总线系统的一个重要特征就是它的环形结构。控制单元通过光导纤维沿环形方向将数据发送到下一个控制单元。这个过程一直在持续进行，直至首先发出数据的控制单元又接收到这些数据为止，这就形成了一个封闭环。例如奥迪 A6 2005 款 MMI(多媒体界面) basic plus 系统的光纤回路图，如图 6-36 所示。图中，通过数据总线自诊断接口和诊断 CAN 来对 MOST 总线进行诊断。

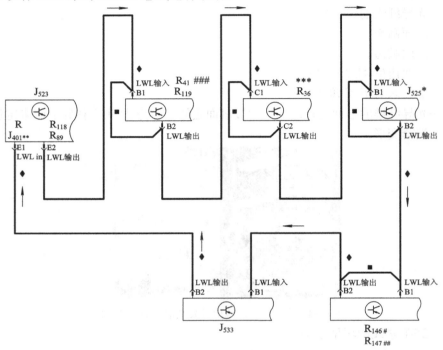

图 6-36　奥迪 A6MMI basic plus 系统的光纤回路

(2) 系统管理器。系统管理器与诊断管理器一起负责 MOST 总线内的系统管理。在 03 年款的奥迪 A8 上，数据总线诊断接口 J_{533}(网关)起诊断管理器的作用，前部信息系统控制单元 J_{523} 执行系统管理器的功能。系统管理器的作用如下：

① 控制系统状态；

② 发送 MOST 总线信息；

③ 管理传输容量。

(3) 基于光纤传输的车载多媒体系统电路实例。以奥迪 A6 2005 款 MMI basic plus 系统为例，该系统主要包括多媒体装置操纵单元、数字式收音机、收音机(K 箱)、导航系统、电话、移动电话适配装置、电视调谐器、媒体播放器等核心装置。

6.2.3　MOST 总线的诊断

1. 诊断管理器

除系统管理器外，MOST 总线还有一个诊断管理器。该管理器执行环形中断诊断，并将 MOST 总线上的控制单元的诊断数据传给诊断控制单元。在奥迪 A8 车上，数据总线诊断接口 J_{533} 执行自诊断功能。

2. 系统故障

引发 MOST 系统发生故障的原因一般有以下几方面：

(1) 电源性故障。MOST 总线系统的核心部分是含有 IC 芯片的电控模块，其正常的工作电压在 10.5 V～15 V 之间。若电源提供的工作电压偏离该值，则各电控模块便无法正常工作。

(2) 传输链路的故障。传输链路出现故障时，一般都会导致光信号的衰减，故分析 MOST 总线的故障时，关键是确定光衰减的原因。导致光信号衰减的主要原因如下：

① 受热过度。E_{65} 所采用的光纤，其设计的极限温度一般不超过 85℃，故在进行烤漆或焊接等高温作业时，漆房或焊炬的温度过高，极易使光纤受损，应格外小心。

② 过度拉伸、弯曲与擦伤。一些技术人员在检查光纤的连接情况时，经常拉扯光纤，这容易造成过度拉伸，使光纤的横断面变小，导致光衰减；另外，在铺设光纤时，应该十分小心，因为 MOST 的光纤允许的最大曲率半径仅为 50 mm。若超过此值，光信号的衰减将成倍增长，从而引发通信错误。若光纤被擦伤，导致封装层损坏，会造成光逃逸，同样会影响信号的正常传输。

③ 脏物、油污的影响。众所周知，许多维修工人在检修汽车时，双手经常沾满灰尘与油污，如果此时不小心碰触到裸露的光纤末端，那么，脏物或油污便会吸收光，从而造成光衰减。

值得注意的是，光纤一旦损坏，一般只能维修一次；否则，光衰减将成倍增加。

(3) 控制模块的故障。因为 MOST 总线采用的是环形网络结构，所以如果系统中某一个控制模块出现了故障，将会造成整个系统的通信中断，即所谓的"环形断裂"。

(4) 系统的软件故障。若系统的传输协议或软件程序属于低版本或有缺陷，也会使系统出现混乱而无法正常工作。

3. 环形中断诊断

如果 MOST 总线上出现环形中断，如图 6-37 所示，那么就无法进行数据传递，最终产生的影响如下：

(1) 音频和视频播放终止；

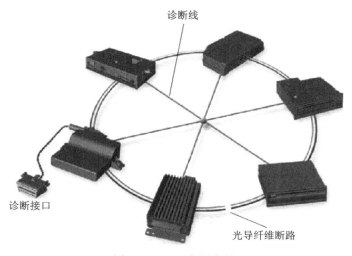

图 6-37　环形中断诊断

(2) 无法控制和调整多媒体操纵单元；

(3) 诊断管理器的故障存储器中存有"光纤数据总线断路"故障。

可以使用诊断线来进行环形中断诊断。诊断线通过中央导线连接器与 MOST 总线上的各个控制单元相联。要想确定环形中断的具体位置，就必须进行环形中断诊断。

环形中断诊断开始后，诊断管理器通过诊断线向各控制单元发送一个脉冲。这个脉冲使得所有控制单元用光导发射器内的发射单元发出光信号。在此过程中，所有控制单元需检查自身的供电及其内部的电控功能是否正常以及能否从环形总线上的前一个控制单元接收到光信号。

MOST 总线上的控制单元在一定时间内会应答，这个时间的长短由控制单元软件来确定。环形中断诊断开始后到控制单元作出应答有一段时间间隔，诊断管理器根据这段时间的长短就可判断出哪一个控制单元已经作出了应答。

环形中断诊断开始后，MOST 总线上的控制单元发送以下两种信息：控制单元电气方面正常，也就是说本控制单元的电控功能正常，如供电情况；控制单元光学方面正常，也就是说本控制单元的光电二极管可接收到环形总线上位于其前面的控制单元发出的光信号。诊断管理器通过这些信息就可识别系统是否有电气故障及哪两个控制单元之间的光导数据传递出现了中断。

4. 信号衰减增大的环形中断诊断

环形中断诊断只能用于判定数据传递是否中断。诊断管理器的执行元件还有一项诊断功能，那就是通过降低光功率来进行环形中断诊断，主要用于识别增大的信号衰减。通过降低光功率来进行环形中断诊断，其过程与普通环形中断诊断是相同的，如图 6-38 所示。但有一点不同，即控制单元接通光导发射器内的发光二极管时有 3 dB 的衰减，也就是说光功率降低了一半。如果光导纤维信号衰减增大，那么到达接收器的光信号就会非常弱，从而接收器会报告"光学故障"，于是诊断管理器就可识别出故障点，并且在用检测仪查寻故障时会给出相应的帮助信息。

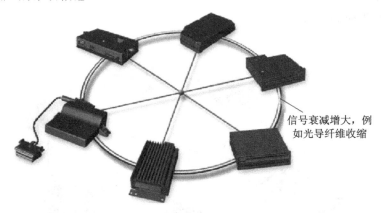

信号衰减增大，例如光导纤维收缩

图 6-38　信号衰减增大的环形中断诊断

5. 利用光学备用控制单元 VAS 6186 进行 MOST 总线测试

光学备用控制单元 VAS 6186 的实物如图 6-39 所示。如果认为一个 MOST 总线控制单元出现了故障，那么可将 MOST 复述器连接在这个位置上，如图 6-40 所示。如果 MOST

回路这时能正常工作，说明故障就出在拔出来的控制单元上。

图 6-39　VAS 6186 实物图

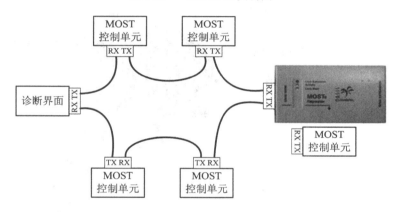

图 6-40　用 VAS 6186 进行 MOST 总线测试

6.2.4　光导纤维的维修

1. 光导纤维的维护

(1) 光导纤维的防弯折装置。在铺设光导纤维时，会安装防弯折装置(波形管)，用以保证最小 25 mm 的曲率半径，如图 6-41 所示。

图 6-41　防折弯波形管

(2) 不允许用下述方法维护光导纤维及其构件：

① 热处理之类的维修方法，如钎焊、热粘结及焊接。

② 化学及机械方法，如粘贴、平接对接。

③ 两条光导纤维线绞合在一起，或者一根光导纤维与一根铜线绞合在一起。

④ 包层上打孔、切割、压缩变形等，另外装入车内时不可有物体压到包层。

⑤ 端面上不可脏污，如液体、灰尘、工作介质等。只有在插接和检测时才可小心地取下保护盖。

⑥ 在车内铺设时不可打结，更换光导纤维时注意其正确的长度。

2. 光纤的维修

维修设备 VAS 6223 的实物图如图 6-42 所示。

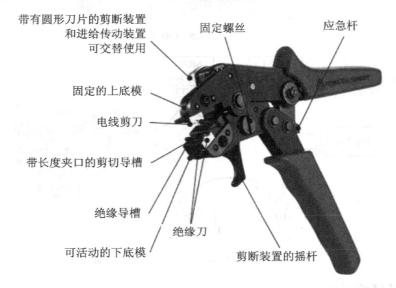

图 6-42　维修设备 VAS 6223

使用 VAS6223 对光纤进行维修的过程如下。

(1) 光纤的粗剪切如图 6-43 所示。

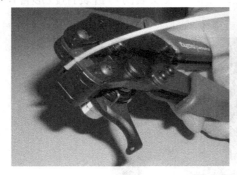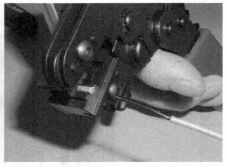

图 6-43　粗剪切

(2) 光纤的精剪切如图 6-44 所示。注意不要剪得太快，避免光纤的折断。剪切效果要达到截面平滑的效果，如图 6-45 所示。

图 6-44　精简剪切

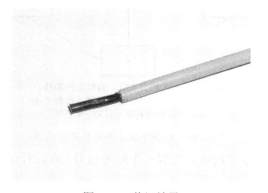

图 6-45　剪切效果

（3）安装铜制弯杆。给光纤安装铜制弯杆的步骤如图 6-46 所示。安装后的效果如图 6-47 所示。

图 6-46　安装铜制弯杆　　　　　　　　　图 6-47　安装效果

6.2.5　故障实例

1. 控制单元内部损坏导致的 MOST 总线故障

1）故障现象

一辆奥迪 A6L 2.0T，行驶里程为 1 万千米，MMI 无法打开。

2) 故障诊断

先用 VAS5052 诊断 J$_{533}$ 有无光学断路故障，若有，则光信号无法到达其他 MOST-Bus 控制单元。J$_{533}$ 负责 MOST-Bus 的故障诊断，在系统正常的情况下它通过光环传递每个控制单元的故障信息。若 MOST-Bus 系统有故障，则 J$_{533}$ 在故障诊断线路的帮助下可进行环形断路故障诊断，如图 6-48 所示。

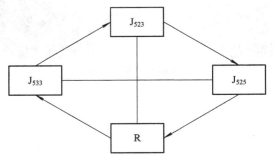

注：带箭头的线为光纤，直线为诊断线。
J$_{533}$—网关；J$_{523}$—MMI 操作和显示控制单元；
J$_{525}$—音响控制单元；R—收音机

图 6-48　MOST-Bus 环形系统示意图

J$_{533}$ 通过诊断线向其他控制单元发射一个脉冲信号，然后所有控制单元发出光信号并在此时进行如下检查：

① 它们的电源和内部电气功能是否正常；

② 是否接收到光信号。

每个控制单元在设定的时间进行应答，J$_{533}$ 根据应答的时间来识别是哪个控制单元发出了应答。

随后用 VAS5052 进行引导型故障查询：功能和部件选择→车身→电气设备→有自诊断能力的系统→J$_{533}$ 回路断路诊断，结果为 J$_{525}$ 电气故障；然后拆下 J$_{525}$，用 VAS6186 代替 J$_{525}$ 接在光环中，此时 MMI 可以打开。拆解 J$_{525}$ 发现是水迹造成了控制单元的内部损坏。J$_{525}$ 位于后备厢的左侧，在贴后风挡膜时水流到了 J$_{525}$ 上，因而造成 MMI 无法打开。

3) 故障排除

更换控制单元 J$_{525}$。

2. 控制单元电路板腐蚀导致的基于 MOST 总线的车载娱乐功能失效

1) 故障现象

一辆宝马 745 Li 轿车，VIN 为 WBAGN63483DR135700。通过多功能转向盘、音频系统控制器或控制显示器中的菜单向导播放收音机、CD 等车载娱乐功能均无响应，而控制显示器能正常显示与操作。

2) 故障诊断

连接 GT-1(Group Tester One) 诊断仪进行全车扫描。扫描结果显示，MOST (Multimedia Oriented System Transport) 多媒体传输系统(简称 MOST 系统)中的高保真功率放大器、CD 光盘转换匣、电话、天线放大/调谐器、导航及音频控制器等众多模块不能通信；同时 MOST 系统中存储有一个故障代码：MOST 环形结构断裂。执行故障代码清除功能后，上述扫描结果均无法清除，这说明故障真实存在。

MOST 环形结构断裂，即 MOST 系统的环形结构的网络通信存在断路现象。由于 MOST 系统的网络通信采用的是环形结构，其利用一种红色可见光信号在 MOST 总线(光缆)中进行单向数据传输，所以当环形结构中某一环节出现故障造成通信断路时，必然会导致该系统中众多的模块通信瘫痪。结合 GT-1 诊断仪检测的结果，应先从 MOST 环形结构断裂这一环节着手展开检修工作。

于是，从车内储物箱中取出串联在 MOST 总线上的 MOST 诊断接口，并拔下环形连接器进行检查。通过目测发现，MOST 诊断接口没有传输数据的红色可见光信号输出。正常情况下，光信号的传输是从控制显示器依次到 CD 光盘转换匣、天线转换器、音频控制器、MOST 诊断接口、组合仪表，再回到控制显示器形成闭环。由此说明，MOST 系统的网络通信确实是处于一种断路的状态。

通常情况下，造成 MOST 系统网络通信断路故障的可能因素有：连接插头未正确插好；传输光缆损坏；至少有一个模块无工作电压；至少有一个模块有故障。为了进一步判定故障所在的区域，将 MOST 诊断接口的环形连接器插回，执行 GT-1 诊断仪的"检测计划功能"，进行 MOST 环形结构断裂诊断。根据 GT-1 诊断仪"检测计划功能"的步骤提示，将蓄电池的接线断开，此时 MOST 系统开始进行环形结构断裂的自诊断模式，等待 90 s 后再接回，诊断结果为"控制显示器存储的节点位置确定为 5"。根据环形结构断裂诊断原理，判断出控制显示器位于环形结构断裂(断路)区域之后的位置。其原理如下：当 MOST 系统处于环形结构断裂自诊断模式时，系统中的所有模块会同时向环形结构中自己后面的模块发送光信号，然后每个模块都检查自己的输入端上是否接收到光信号。在输入端上识别不到光信号的模块将在其存储器中存储节点位置 0，此模块之后的第 1 个模块，会存储相应节点位置 1，再之后的模块会存储相应节点位置 2，以此类推。若配置有多媒体转换器或导航模块，该模块存储节点的位置则相应跳数 2 个。

由上述原理可知，环形结构断裂区域应位于存储节点位置 0 的模块和它前面的模块之间。那么要确定环形结构断裂区域，则必须先要确定存储节点位置 0 的模块。而要确定存储节点位置 0 的模块，还需视该车 MOST 系统中模块的实际配置情况而定。由于 MOST 系统中的模块大多为选装配置，为了弄清楚该车 MOST 系统的实际配置情况，可查看 GT-1 诊断仪对全车模块扫描的显示。该车 MOST 系统的模块配置有：控制显示器、CD 光盘转换匣、天线转换器、高保真功率放大器、语音处理器、导航模块、电话模块、音频控制器、组合仪表。根据 MOST 系统线路图中所有模块的连接布局，结合 GT-1 诊断仪中 MOST 系统的模块配置显示，该车 MOST 系统的实际配置框架则应如图 6-49 所示。

MOST 系统中各单元的具体说明如下：

① CD(Control Display 控制显示器)。CD 是整个 MOST 总线系统的主控单元，它由安装在中控台的多功能

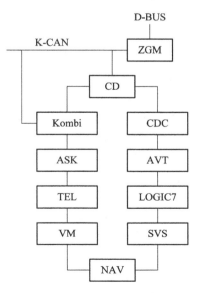

图 6-49　MOST 的网络结构

显示器和安装在中央扶手的控制器组成。CD 通过光纤与其他 MOST 总线组件通信，同时也作为一个网关(接口)与 K-CAN 总线进行通信。另外，通过控制器激活 MOST 的服务模式后，即可查阅到整个 MOST 总线中所有组件的列表，包括以下信息：分类号、硬件编号、设码索引、诊断索引、系列号、生产日期、制造商代号、信息目录版本、软件版本和操作系统版本。CD 有时以"MMI"的缩写出现。

② Kombi(Instrument Cluster 组合仪表)。E_{65} 采用了第四代液晶仪表总成，它集成了强大的行车电脑、检查控制和多达 20 项的测试功能。基于安全方面的考虑，Kombi 还与 K-CAN 总线连接。当 MOST 总线失效时，Kombi 仍能为行车提供诸如报警信号灯、车速等信息显示。

③ ASK(Audio System Controller 音频系统控制器)。在 E_{65} 上首次应用了 ASK，它安装在中控台中。ASK 作为音频系统的主控单元，负责把车辆中的所有音频信号进行集中处理，并进行分配。

④ TEL(Telephone 电话模块)。电话属于选装件，在 E_{65} 上可选装一部安装在中控台的 GSM 电话和用于后座区的串联电话，该电话最大的发射功率为 8 W。TEL 有时以"Telefon"的形式出现。

⑤ VM(Video Module 视频模块)。E_{65} 采用宝马专为多媒体环境设计的第五代视频模块。该模块能够完成以下功能：接收电视信号；显示电视台列表；接收电视文字广播；转换电视信号；作为视频信号的控制中心。VM 有时以"TV Tuner"的形式出现。

⑥ NAV(Navigation System 导航控制模块)。NAV 是 Mk-3 的改进版(Mk-3 之前曾应用在 E_{38} 轿车上)，它能提供车辆导航控制、报文(短信)服务以及宝马在线服务等功能。NAV 属于选装系统。

⑦ SVS(Voice Processing System 语音输入处理系统)。SVS 是连接使用者与整个 MOST 总线系统的纽带，即实现了真正的人机对话。该系统是对多功能显示器的补充，使用时必须借助车载电话的话筒作为输入端，从而提高车辆操作控制的方便性，但有关安全驾驶方面的操作不受 SVS 的控制。SVS 也属于选装系统。TEL、VM、NAV 与 SVS 均安装在行李箱的左后侧。

⑧ LOGIC7(TOP HiFi Amplifier 高保真功率放大器)。LOGIC7 杜比环绕高保真专业音响系统利用 13 个扬声器，高质量地再现所有音频格式，能最大程度地降低重低音失真以及改进环绕音响效果。它由七个中音扬声器(安装在左右两侧的前后门、后搁物架和前仪表板中央)、四个高音扬声器(安装在左右两侧的前后门)和两个位于中央的低音扬声器(安装在前排座椅下面)组成。

⑨ AVT(Antenna Amplifier/Tuner 天线放大器/调谐器)。为确保系统信号的接收效果，E_{65} 配置了两套天线放大器，两套天线放大器通过同轴电缆进行连接，安装在 C 柱后面的左右两侧。AVT 有时以"AmFm Tuner"的形式出现。

⑩ CDC(Compact Disk Changer 光盘转换器)。E_{65} 配置了一个六碟光盘转换器，它安装在靠副驾驶员座位侧的中控台饰板后面。CDC 能够提供如下的功能：正常播放；快进和快退；音乐轨道的搜索；浏览；随机播放；显示光盘序号。CDC 有时以"CD Changer"的形式出现。

⑪ K-CAN 是控制诸如空调、防盗、灯光等系统的一种总线设备，其传输速率为 100 Kb/s。

⑫ ZGM 是一种接口，它连接在不同的总线系统之间，起着数据和信息中转站的作用，

即允许不同的总线系统以不同的传输速率进行不同类型的数据交换，从而使不同的总线系统的信息共享成为可能。

⑬ 通过 D-BUS，利用宝马专用检测电脑可以检测到包括 MOST 总线在内的电控系统的运行以及故障存储情况。D-BUS 的传输速率为 115 Kb/s。

根据上述 MOST 系统的配置框架，再结合控制显示器存储的节点位置 5，按照环形结构断裂诊断原理则可推算得出：组合仪表存储的节点位置应为 4、音频控制器存储的节点位置应为 3、电话模块存储的节点位置应为 2、导航模块存储的节点位置应为 0。若按此来推算结果，那么环形结构断裂区域则应位于导航模块与它之前的语音处理器之间。为了进一步核实上述推算分析，对安装在行李箱左后方的导航模块、语音处理器及它们之间的连接元件进行检查。

检查发现，MOST 总线中的红色可见光信号发送到语音处理器后，语音处理器没有红色可见光信号发送到其后面的导航模块。而在 MOST 系统中，为了连接 MOST 总线的数据传输，系统中的每个模块内都有一组光信号发射组件(发射器)和接收组件(接收器)。在正常情况下，每个模块通过接收组件接收到其前面模块的光信号，经过处理后，会紧接着通过发射组件发送给其后面的模块。由此说明，是语音处理器内部的光信号传输存在故障而导致 MOST 系统环形结构的通信中断。同时，这也证明了上述推算分析与该检查结果是相符的。

接着检测语音处理器线路的供电电压和搭铁，发现均正常。取出语音处理器，拆开其外壳，发现电路板上有明显的受潮腐蚀痕迹，并且部分电源供给电路的接点已被腐蚀而脱焊。

3) 故障排除

进行清洁除蚀及焊接修复处理。除蚀和修复作业完毕后，将语音处理器装车，并测试其工作状况。结果是语音处理器可正常接收与发送传输数据的红色可见光信号，与此同时，各项车载娱乐功能也自动恢复正常。利用 GT-1 再次进行全车扫描，MOST 系统的所有模块均恢复了正常通信，并且无任何故障代码。至此，故障排除。由此可见，该车载娱乐功能失效是由语音处理器硬件发生故障导致的。

第  章

典型车型的车载网络系统实例

7.1   宝马 E65 网络控制

7.1.1   宝马 E65 的网络控制简介

宝马汽车全车采用总线传输网络，共连接 55 个电脑(控制单元)，涵盖全车的控制系统，如图 7-1 所示。各控制单元的名称列表如表 7-1～表 7-5 所示。宝马汽车的总线传输网络分为 K-CAN P(车身控制器区域网络外围总线)、K-CAN S(车身控制器区域网络系统总线)、MOST(面向多媒体传输的系统总线)、Byteflight(安全系统总线)、PT-CAN(动力传动系统总线)五个主传输网络，此外还包含子总线和 D-Bus(诊断总线)。各种总线网络的传输速率和总线拓扑结构如表 7-6 所示。

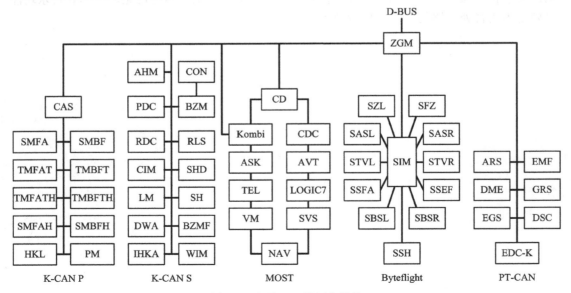

图 7-1   宝马 E65 的网络结构

表 7-1　简称说明(K-CAN P 总线)

简　称	说　明	简　称	说　明
CAS	便捷进入及起动系统	SMFAH	左后座椅模块
HKL	后行李箱盖提升机构	TMBFT	前乘客侧车门模块
PM	供电模块	TMBFTH	右后车门模块
SMBF	前乘客侧座椅模块	TMFAT	驾驶员侧车门模块
SMBFH	右后座椅模块	TMFATH	左后车门模块
SMFA	驾驶员侧座椅模块	—	—

表 7-2　简称说明(K-CAN S 总线)

简　称	说　明	简　称	说　明
AHM	挂车模块	IHKA	自动恒温空调
BZM	中央操控中心	LM	灯光模块
BZMF	后中央操控中心	PDC	驻车距离报警系统
DWA	防盗报警系统	RDC	轮胎压力监控
CIM	中央底盘模块	RLS	雨水灯光传感器
CD	控制显示	SH	停车预热装置
CON	控制按键	SHD	活动天窗
Kombi	组合仪表	WIM	刮水器模块
CAS	便捷进入及起动系统	ZGM	中央网关模块

表 7-3　简称说明(MOST 总线)

简　称	说　明	简　称	说　明
AVT	天线放大器/调谐器	NAV	导航
ASK	音频系统控制器	SVS	语音输入处理系统
CD	CD 机	TEL	电话
CDC	光盘转换匣	LOGIC7	功率放大器
Kombi	组合仪表	VM	视频模块

表 7-4　简称说明(Byteflight 总线)

简　称	说　明	简　称	说　明
SASL	左侧 A 柱卫星式传感器	SSBF	前乘客座椅卫星式传感器
SASR	右侧 A 柱卫星式传感器	SSFA	驾驶员座椅卫星式传感器
SBSL	左侧 B 柱卫星式传感器	STVL	左前车门卫星式传感器
SBSR	右侧 B 柱卫星式传感器	STVR	右前车门卫星式传感器
SFZ	车辆中央卫星式传感器	SZL	转向柱开关中心
SIM	安全信息模块	ZGM	中央网关模块
SSH	后部座椅卫星式传感器	—	—

表 7-5　简称说明(PT-CAN 总线)

简　称	说　明	简　称	说　明
ARS	主动式侧翻稳定装置	EGS	电子变速箱控制系统
DME	数字式发动机电子伺控系统	EMF	电动机械式驻车制动器
DSC	动态稳定控制系统	GRS	偏航角速率传感器
EDC-K	连续式电子减震控制系统	ZGM	中央网关模块

表 7-6　各种总线网络的传输速率和总线结构

子总线	K-CAN P	K-CAN S	PT-CAN	MOST	Byteflight	D-Bus
数据传输率	9.6 Kb/s	100 Kb/s	100 Kb/s	500 Kb/s	22.5 Mb/s	10 Mb/s	115 Kb/s
总线结构	总线型	总线型	总线型	总线型	环型	星型	—

(1) K-CANS。K-CANS 应用在车身网络上，主要连接着全车 25 个车身附件的电控单元，如空调控制单元、灯光控制单元等。其主要特点为电磁兼容性好，能高速传输数据，可靠性高，采用总线型拓扑结构。

(2) MOST。MOST 应用在信息、娱乐与通信上，采用光纤网络，主要连接着全车 10 个娱乐系统的电控单元，如 CD、收音机等控制单元。Most 能进行连续数字信号传输(音频和视频数据)，能实时传输数据，最高速率为 22.5 Mb/s，采用环型拓扑结构。

(3) Byteflight。

Byteflight 应用在智能安全和集成系统上，是光纤网络，主要连接着全车安全系统的 12 个电控单元，如左侧 A 柱卫星控制单元、安全信息模块等控制单元。其主要特点是可靠性高，即网络的任何一个电脑不良都不会影响到其他电脑的正常通信；高速数据传输，最高速率为 10 Mb/s，采用星型拓扑结构。

(4) PT-CAN。PT-CAN 应用在动力和底盘上，主要连接着全车 7 个动力和安全电控单元，如发动机控制单元、动态稳定控制单元等。其主要特点为高速通信，最高速率为 10 Mb/s，采用总线型拓扑结构。

7.1.2　车辆网关系统

1. 宝马 E65 网关的作用

(1) 实现高速和低速网络的数据传换。

(2) 激活车辆的控制单元。

(3) 用于车辆的诊断。

2. 宝马 E65 车载网络系统中的网关

宝马 E65 的车载网络系统中有如下三个网关：

(1) ZGM(中央网关模块)。ZGM 是整个网络系统的主网关(如图 7-2 所示)，主要负责 K-CANS、Byteflight、PT-CAN 和 D-Bus 等不同网络的数据交换传输。其内部电路结构如图 7-3 所示。

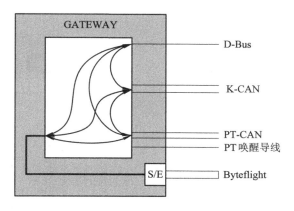

图 7-2　ZGM 内的信号转换

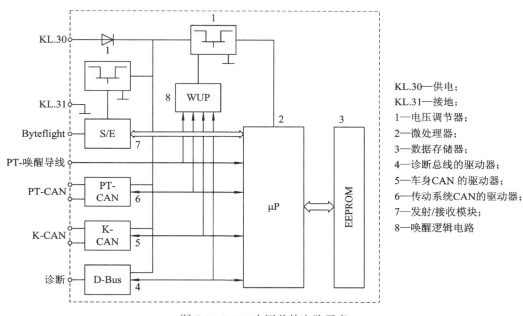

图 7-3　ZGM 内网关的电路示意

(2) CAS(便捷进入及起动系统)内的网关。CAS 内网关负责 K-CANP 和 K-CANS 两个网络的数据交换传输。

(3) CD(控制显示)内的网关。CD 内网关负责 MOST 和 K-CANS 两个网络的数据交换传输。

7.1.3　宝马 E65 控制局域网络的实例

1. 车窗的升降控制

如图 7-4 所示，车门模块以非中央方式对车窗升降机进行控制，也就是说一个车门模块控制一个本地车窗升降机。此外，CAS 控制单元作为车窗升降机的主控单元不仅能控制车窗升降机功能，也能控制无线电遥控钥匙功能、便捷功能和中控锁接口。所有控制功能均通过 K-CANP 来实现信号传递。

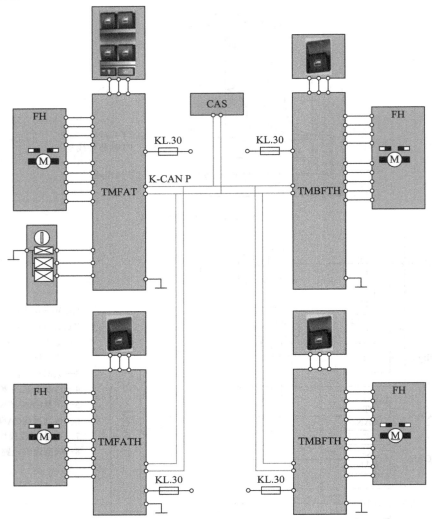

FH—车窗玻璃升降机；TMBFT—前乘客侧车门模块；K-CAN P—K-CAN 外围总线；
TMBFTH—前乘客侧后车门模块；CAS—便捷进入及启动系统；TMFAT—驾驶员侧车门模块；
KL.30—总线端KL. 30；TMFATH—驾驶员侧后车门模块

图 7-4　宝马 E65 的车窗玻璃升降系统

　　便捷进入及起动系统 CAS 是一个新开发的系统。它把以前独立安装的组件结合成一个系统(点火开关插口、电子禁起动防盗装置、以及中央电子控制装置)，实现了最佳可靠性和方便性。其优点如下：全新的操作概念、较高的舒适性、无磨损式总线端控制、改善了的诊断方法。

　　CAS 控制单元是 CAS 和点火开关系统的电子部件。CAS 通过 K-CAN 外围总线与以下部件连接：车门模块、天窗控制模块、座椅控制模块和供电模块(包括后行李箱盖控制)。CAS 的上一级与整车系统的连接通过 K-CAN 系统总线实现。CAS 的所有输出端都包含以下技术及功能：半导体技术、对地和对总线端 KL. 30 短路的保护功能、完全诊断能力。CAS 还是 K-CAN 系统数据总线与 K-CAN 外围数据总线之间的转发器(功能相当于网关)。

（1）车窗玻璃的升降。车窗玻璃升降机可以通过驾驶员侧车门内的开关组或通过其他车门内的一个本地操作按钮来进行操作。CAS 内的车窗玻璃升降机的主控单元可授权或禁止闭锁车窗玻璃升降机的动作。

车窗玻璃升降功能的流程如图 7-5 所示。当按下任意玻璃升降按钮时，该按钮将开关信号发送到与之相连的车门控制模块；然后车门控制模块通过 K-CANP 总线向 CAS 模块发送车窗玻璃升降请求；CAS 模块通过 K-CANP 总线将授权或禁止闭锁车窗玻璃升降指令发送到相应的车门控制模块；当车门控制模块受到 CAS 模块的授权信号指令后，控制玻璃升降机工作。

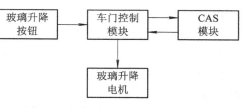

图 7-5 车窗玻璃升降功能的流程图

（2）便捷开启/关闭。便捷功能使得上车前或下车后能够关闭或打开所有车窗和活动天窗 SHD。借助无线电遥控钥匙或通过钥匙在驾驶员侧车门锁上的机械操作，可以触发便捷开启/关闭功能。此功能通过 CAS 控制单元内的车窗升降机主控单元来控制。因此，一个 CAN 信息由 CAS 发送到四个车门。每个车窗和活动天窗按后部车窗升降机、前部车窗升降机和活动天窗的顺序依次关闭。

（3）儿童保护功能。通过驾驶员侧车门内开关组中的儿童保护功能按钮，可闭锁后部两个车窗升降机按钮的操作。在设置了儿童保护功能后，后部车窗升降机的操作只能通过驾驶员开关组或便捷功能进行。按钮内的 LED 指示灯表明了儿童保护装置的当前状态。LED 指示灯通过 CAS 内的车窗升降机主控单元来控制。车窗玻璃升降儿童保护功能的流程如图 7-6 所示。

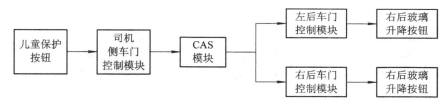

图 7-6 车窗玻璃升降儿童保护功能的流程图

2．活动天窗的控制

宝马 E65 上的活动天窗 SHD 功能单元可控制玻璃活动天窗的打开、关闭、升高和降下，其功能电路如图 7-7 所示。此系列车上的防夹功能有了明显的改进。此防夹功能使得活动天窗与以往的不同，可以将升起的天窗通过点动降下；和以往相同的是可以通过设码设置不同国家规格的断电条件。

（1）便捷开启和关闭。便捷开启/关闭命令和总线端状态经过 K-CAN S 由 CAS 接收。

便捷操作通过操作无线电遥控钥匙上的打开或关闭按钮起动，松开按钮则结束。无线电遥控钥匙的命令由 CAS 接收，由此可控制便捷功能的操作过程。活动天窗打开和关闭的命令由 CAS 用一个 CAN 信息发出，然后由活动天窗接收并执行。便捷操作也可以通过驾驶员侧车门的车门锁进行。这时

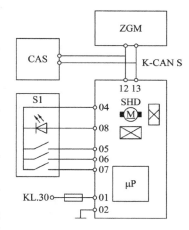

图 7-7 宝马 E65 的活动天窗系统

必须将机械钥匙长时间置于"联锁"或"解除联锁"位置,直至活动天窗到达所需位置。

(2) 防夹功能。活动天窗在所有点动关闭功能中均有防夹功能。为识别夹住情况(或有不允许的闭合力提高的情况发生)。在马达内安装了霍尔传感器,这样可以直接测量关闭速度并由此计算出闭合力。

由于行驶时的风在活动天窗上会产生一个低压,特别是在由升高位置关闭时此旋涡会有影响。因为伸出的天窗在后边缘的气流被节断,天窗越接近完全关闭,旋涡就越大,所以控制系统无法将这时的力的增大与一个障碍物被夹区分开。因此,从升高位置进行关闭时,行驶速度就被考虑到防夹功能中,此车速信号由 DSC 提供并通过 K-CAN S 发送给活动天窗。

3. 座椅的控制

座椅的控制由多个控制单元来实现。特别是对记忆设置功能来讲,相应控制单元之间的通信是通过 CAN 总线实现的。如图 7-8 所示,座椅的电动调整需要下列部件来实现:

① 驾驶员侧开关组;

② 前座乘客侧开关组;

③ 中央操控中心 BZM;

④ 便捷进入及起动系统 CAS;

⑤ 驾驶员座椅模块 SMFA;

⑥ 前乘客侧座椅模块 SMBF;

⑦ 座椅调节马达;

⑧ 控制按键 CON。

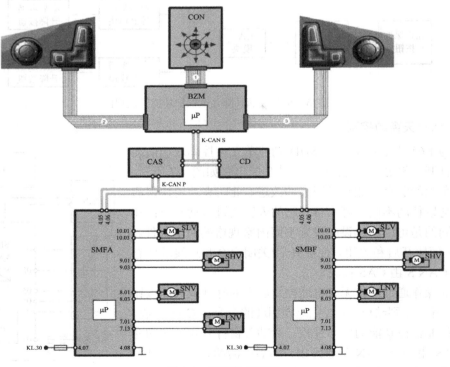

图 7-8　座椅控制系统

座椅按照中央操控中心上的开关组请求进行调节，工作流程如下：

① 调节请求由开关组通过一个 12 芯的扁平导线传送到中央操作中心。

② 中央操作中心通过 K-CAN 系统总线将信息提供给 CAS。

③ CAS 作为"网关控制单元"通过 K-CAN 外围总线将信息继续传送给相关的座椅模块。

④ 座椅模块通过其末级直接控制座椅调节马达，最多可同时接通 3 个马达。

4. 宝马智能安全集成系统

在宝马 E65 中首次使用了一个世界范围内全新的被动安全系统 ISIS(智能安全集成系统)。以前安装的多重乘员保护系统由一个带压电式加速度传感器的中央控制单元和两个用于识别侧面碰撞的外置式卫星式传感器组成，各种信号通过常规导线束集中到一起并按顺序进行处理，这就导致了计算机负荷过高、耗时过长且发生故障的可能性较大。

ISIS 系统拥有更多的传感器和引爆电路。该系统可以处理大量的信息，但这些信息是无法在极短时间内通过常规总线系统进行传输的。因此，ISIS 的所有电子组件都连接到 Byteflight(安全总线系统)上。这个数据总线是一个基于光纤技术的系统。

ISIS 系统的优越性如下：

① 系统安全性更高；

② 触发决断时间更快；

③ 传输速度高；

④ 不需要机械式安全开关；

⑤ 无电磁干扰；

⑥ 发射与接收模块之间无电气连接；

⑦ 系统扩充简单；

⑧ 软件可通过总线更新；

⑨ 可以进行在线诊断；

⑩ 塑料光纤的重量比铜线电缆轻得多。

1) 系统功能简介

ISIS 是以星形结构连接在一起的，它包括了一个主控制单元 SIM(安全信息模块)、几个卫星式传感器、各种用于撞击识别和座椅占用识别的传感器以及用于激活安全带和安全气囊乘员保护系统的燃爆式执行器。

卫星式传感器按使用目的布置在车辆内，它们具有碰撞识别传感器的部分功能，可以引燃燃爆式驱动组件。

KLR(总线供电端)接通后，这些电子组件将进行自检，驾驶员可通过安全气囊指示灯(AWL)的亮起来识别到这一信息，该灯亮起时间约为 5 秒钟。如果自检时识别到系统内无故障，那么 AWL 熄灭，表明 ISIS 的功能完全正常。如果发生了交通事故，那么在确定触发策略后，不同乘员保护系统的执行器将被引燃。

为更快捷地传输数据，SIM 和卫星式传感器借助一根塑料光缆"Byteflight(安全总线系统)"彼此连接在一起。Byteflight 是整个 E65 车辆的控制系统的一部分，它通过中央网关模块 ZGM 与 K-CAN S、PT-CAN 和 D-Bus 相连，如图 7-9 所示。

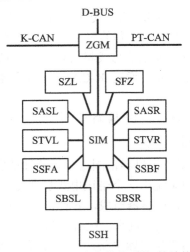

图 7-9   Byteflight(安全总线系统)的结构图

2) 系统组成

如图 7-10 所示，智能安全集成系统 ISIS 由以下部件组成：

① SIM 安全信息模块；

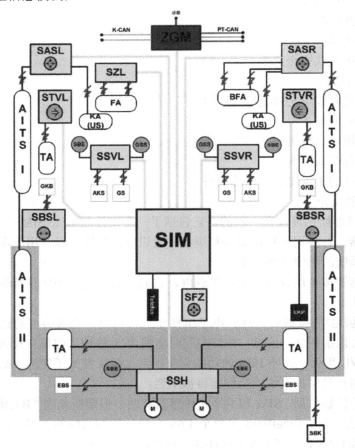

图 7-10   智能安全集成系统 ISIS 的组成图

② 卫星式传感器；

③ 安全气囊；

④ 安全带系统；

⑤ 舒适型座椅的主动式头枕；

⑥ Byteflight(安全总线系统)。

各部件的功能说明如表 7-7 所示。

表 7-7　ISIS 各部件的功能说明

简　　称	功　能　说　明
ZGM	中央网关模块
SIM	安全信息模块
SASL	左侧 A 柱卫星式传感器，用于激活驾驶员侧的膝部安全气囊(美规)和高级 ITS 头部气囊 I /高级 ITS 头部气囊 II
SASR	右侧 A 柱卫星式传感器，用于激活前乘客侧的膝部安全气囊(美规)和高级 ITS 头部气囊 I /高级 ITS 头部气囊 II
SZL	转向柱开关中心，用于激活驾驶员安全气囊
SSFA	驾驶员座椅卫星式传感器，用于激活主动式头枕和安全带拉紧装置
SSBF	前乘客座椅卫星式传感器，用于激活主动式头枕和安全带拉紧装置
STVL	左前车门卫星式传感器，用于激活左前车门胸部安全气囊
STVR	右前车门卫星式传感器，用于激活右前车门胸部安全气囊
SBSL	左侧 B 柱卫星式传感器，用于激活左侧安全带拉紧限定器
SBSR	右侧 B 柱卫星式传感器，用于激活右侧安全带拉紧力限定器、安全蓄电池接线柱并控制电动燃油泵
SFZ	车辆中央卫星式传感器
SSH	后部座椅卫星式传感器，用于激活左后/右后后座区乘客胸部安全气囊和后座安全带拉紧装置，此外还集成了后部头枕的调节功能
FA	两级式驾驶员安全气囊
BFA	两级式前乘客安全气囊
KA	膝部安全气囊(仅美规车型)
TA	前后胸部安全气囊(侧面安全气囊)
AITS I	前部乘员高级 ITS 头部气囊 I (头部安全气囊)
AITS II	前后乘员高级 ITS 头部气囊 II (头部安全气囊)
AKS	主动式头枕
GS	安全带拉紧装置
GKB	安全带拉紧力限定器
EBS	后座安全带拉紧装置
SBK	安全蓄电池接线柱
EKP	电动燃油泵
SBE	座椅占用识别垫

续表

简　　称	功　能　说　明
GSS	安全带锁扣开关
⊕	X 方向和 Y 方向加速传感器
⟷	Y 方向加速传感器
→	压力传感器

3) 安全信息模块 SIM

在卫星式传感器复合结构中，安全信息模块 SIM 可以看作是中央单元，它承担的主要任务如下：

① 为卫星式传感器供电；

② 准备发生事故时的备用能源，在发生事故期间供电；

③ 具有总线系统 Byteflight(安全总线系统)中智能星形耦合器的功能；

④ 通过电话自动触发紧急呼叫；

⑤ 具有总线主控功能；

⑥ 具有故障代码存储器。

每个卫星式传感器都会持续发送信息至 SIM，而后这些信息又被分配到其他所有卫星式传感器。因此，每个卫星式传感器都拥有相同的信息且都掌握了车辆的当前状态。

4) 卫星式传感器

所有卫星式传感器都是通过 Byteflight(安全总线系统)与 SIM 相连的，其供电也是通过这个控制单元提供的。在 Byteflight(安全总线系统)的休眠模式下，供电被关闭。有些卫星式传感器含有碰撞传感器，且除了"车辆中央"(STZ)卫星式传感器以外，每个传感器都有激活不同保护功能的多级引燃输出级，以控制气囊燃爆装置触发。

5. 燃油泵的电子调节

在 ISIS 系统(智能安全集成系统)的 SBSR 中集成了发动机运行时供油量的调节装置和发生碰撞事故时的断油装置。如图 7-11 所示，SBSR 通过 PT-CAN 和 Byteflight(安全总线系统)获得 DME 的燃油需求信号。如果 DME 的燃油需求信号失灵或该总线系统有故障，则燃油泵会读取入总线端 KL.15 的信号从而以最大转速运转；当汽车发生碰撞事故时，ISIS 系统通过 Byteflight(安全总线系统)由 SBSR 控制燃油泵实现断油功能。

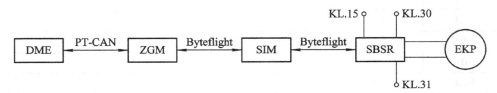

图 7-11　燃油泵的电子调节信号传递

7.2　雪铁龙凯旋多路传输系统

7.2.1　雪铁龙凯旋多路传输系统的组成与原理

1. 雪铁龙凯旋多路传输系统的构成

如图 7-12 所示，雪铁龙凯旋多路传输系统由以下网络构成：

(1) CAN 网，连接动力总成的所有计算机；

(2) CAN CAR 网，连接安全系统；

(3) CAN CONFORT 网，实现车辆的人/机界面；

(4) CAN 诊断插头，可以加载 CAN 网上的某些计算机软件；

(5) CAN 诊断网及 K 诊断线，可以执行软件下载、设置及车辆诊断功能。

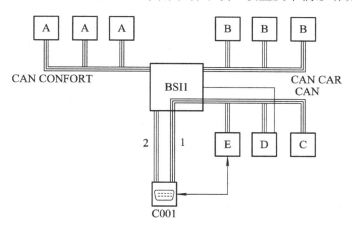

C001—诊断插头；　　　BSI1—智能控制盒；　　　　1—CAN 网(诊断插头)；

2—CAN 诊断网；　　　A—CAN CONFORT 网的计算机；　B—CAN CAR 网的计算机；

C—CAN 网的计算机；　D—连接在远程唤醒控制线(RCD)上的 CAN 网的计算机；

E—连接到 K 诊断线上的 CAN 网的计算机；　　　双向箭头—K 诊断线；

三线—多路传输网；　　单线—远程唤醒控制线(RCD)

图 7-12　雪铁龙凯旋多路传输系统的组成

1) CAN 网

CAN 网连接发动机动力总成的所有计算机，例如制动系统、变速箱计算机或发动机计算机，如图 7-13 所示。数据传送速度是 500 Kb/s(High Speed 高速)。CAN 网是一个"多主"网。在这个网上，每一个计算机连续地向网络的全体发送信息，而每个计算机处理自己所使用的信息。在网上发送信息是定期地进行的。CAN 网拥有一个总体接收装置，它可以在最少两个计算机连在网上时建立通讯。发动机控制计算机(1320)及智能控制盒(BSI1)是唯一拥有终端电阻的计算机。为了保证网络交流，发动机控制计算机(1320)及智能控制盒(BSI1)必须始终连在网上。

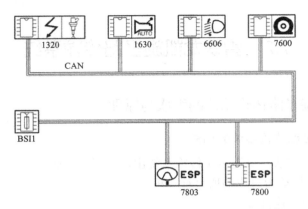

BSI1—智能控制盒；　　　　　1320—发动机计算机；　　　　　1630—自动变速箱计算机；

6606—转向大灯计算机；　　　 7600—亏气探测计算机；　　　　7800—电子稳定程序计算机(ESP)；

7803—方向盘角度传感器；　　　三线—多路传输网

图7-13　CAN网

CAN 网的主要特性如下：

(1) 某些计算机连在远程唤醒控制线(RCD)上，远程唤醒控制线(RCD)可以提前激活这些计算机；

(2) 某些计算机直接连接到 K 诊断线上，可以实现 K 线直接诊断，如表 7-8 所示；

(3) 如果一条"CAN 高"导线或一条"CAN 低"导线断路，则不能进行网络通讯。

表 7-8　CAN 网的 K 线诊断和远程唤醒关系

名　　称	连接到 K 诊断线上	连接到远程唤醒控制线(RCD)上
智能控制盒(BSI1)	是	是
发动机计算机(1320)	是	是
自动变速箱计算机(1630)	否	否
转向大灯计算机(6606)	否	否
亏气探测计算机(7600)	否	是
助力转向电泵	否	否
电子稳定程序计算机(ESP)(7800)	否	否
方向盘角度传感器(7803)	否	否

2) CAN CAR 网

CAN CAR 网连接全体安全部件，如图 7-14 所示。数据传输速度是 125 Kb/s(低速)。CAN CAR 网上的所有部件都连续地发送信息。CAN CAR 网是一个"多主"网，在这个网上，每个计算机连续地向网上的所有部件发送信息。在网上发送信息是定期地进行的，且每个计算机处理自己所使用的信息。网络通讯管理及建立"+CAN"电源通过智能控制盒(BSI1)实现的。CAN CAR 网的计算机拥有它们自己的特征且根据情况或由"+CAN"、"+BAT"供电，或由 BSM 提供的"+APC"供电。与 CAN 网不同，即使"CAN CAR 高"导线或"CAN CAR 低"导线中的一条断路或两者之间短路，网络也会有通讯，但会报告故障信息。

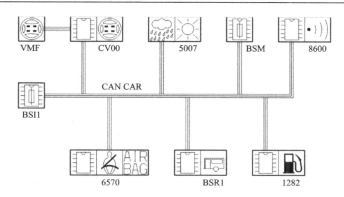

BSI1—智能控制盒；   BSM—发动机伺服控制盒(BSM)；   CV00—方向盘下的转换模块；

BSR1—牵引伺服盒；   VMF—央固定集控式方向盘；   1282—柴油添加剂计算机(FAP)；

5007—雨水/亮度传感器；   6570—安全气囊计算机；   8600—防盗报警器计算机；

三线—多路传输网

图 7-14   CAN CAR 网

3) CAN CONFORT 网

CAN CONFORT 网可以实现人/机交互，其网络组成如图 7-15 所示，数据传输速度为 125 Kb/s(低速)。整个 CAN CONFORT 网上的信息是持续且定期发送的。CAN CONFORT 网是一个"多主"网，在这个网上，每个计算机持续地向整个网络发送信息，而每个计算机处理自己所使用的信息。网络通讯管理及建立"+CAN"供电是由智能控制盒(BSI1)来实现的。CAN CONFORT 网的计算机拥有自己的终端电阻并且根据情况由"+CAN"、"+BAT"或 BSM 提供的"+APC"来供电。与 CAN CAR 网相似，即使"CAN CONFORT 高"导线或"CAN CONFORT 低"导线中的一条断路或两者之间短路，网络也会有通讯，但会报告故障信息。

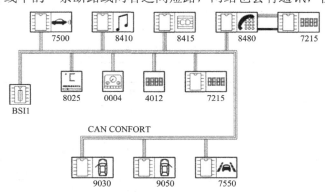

BSI1—智能控制盒；   0004—组合仪表；   4012—转速表控制盒；

7215—多功能显示屏；   7500—驻车雷达计算机；   7550—非主观变道报警计算机；

8025—空调面板；   8410—RD4收放机；   8415—CD换碟机；

8480—RT3通信计算机；   9030—左前门模块；   9050—右前门模块；

粗线—光纤连接；   三线—多路传输网

图 7-15   CAN CONFORT 网

4) CAN 诊断插头

(1) 诊断插头(C001)。诊断插头(C001)可以连接车辆的售后诊断仪(Proxia)，并且可以与车辆的所有计算机通信。诊断插头的位置和引脚布置如图 7-16 所示；诊断插头的功能电路如图 7-17 所示；引脚号对应的电路信号如表 7-9 所示。

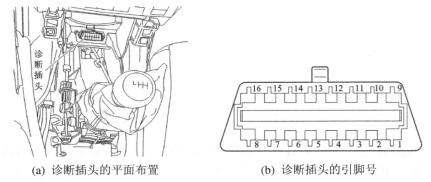

(a) 诊断插头的平面布置　　　　　　　(b) 诊断插头的引脚号

图 7-16　诊断插头

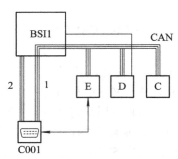

C001—诊断插头；　　　　BSI1—智能控制盒；　　　1—CAN 网(诊断插头)；　　2—CAN 网诊断；
C—CAN 网的计算机；　　　　　　　D—连接在远程唤醒控制线(RCD)上的 CAN 网的计算机；
E—连接到 K 诊断线上的 CAN 网的计算机；　双向箭头—K 诊断线；　　三线—多路传输网

图 7-17　诊断插头的功能电路

表 7-9　诊断插头的引脚含义

序　号	信　号	序　号	信　号
1	+APC	9	未连接
2	未连接	10	未连接
3	CAN 诊断(高)	11	未连接
4	检测器接地	12	CAN 网的计算机 K 线
5	信号接地	13	其他计算机 K 线
6	CAN(高)	14	CAN(低)
7	发动机计算机(1320)及自动变速箱(1630,1660)的 K 线	15	未连接
8	CAN 诊断(低)	16	检测器常供电

(2) CAN 网(诊断插头)。CAN 网(诊断插头)的传输速度是 500 Kb/s，其作用如下：

① 加载 CAN 网上的计算机软件，悬挂计算机是经由 K 线加载的；CAN 网(诊断插头)是为了给 CAN 网上的计算机加载软件而专门加到车辆的多路传输结构上的。CAN 网(诊断插头)可以在几分钟内加载计算机软件。

② 报告 EOBD(欧洲在线诊断)法规所需的信息以检查排放信息。CAN 网可以通过标准工具"SCANTOOL"读取发动机计算机中的信息，并可以满足污染排放的法规诊断需要。

5) CAN 诊断网和 K 诊断线

(1) CAN 诊断网。CAN 诊断网的传输速度为 500 Kb/s。CAN 诊断网可以完成以下任务：

① 进行计算机诊断。CAN 诊断网可以进行 CAN、CAN CAR 和 CAN CONFORT 网上的不同计算机的诊断。CAN 诊断网可替代原来的 K 线并可以在对话阶段及计算机寻问阶段节省时间。不是所有的计算机都通过 CAN 诊断网进行诊断，某些 CAN 网计算机仍保留与 K 诊断线的连接。

② 加载。CAN 诊断网实现 CAN CAR 和 CAN CONFORT 两个网的计算机及智能控制盒(BSI1)软件的加载。

③ 设置。CAN 诊断网的设置功能可以让使用者通过 Proxia 诊断仪对系统中的不同部件进行参数设置。

(2) K 诊断线。K 诊断线的传输率为 10.4 Kb/s。K 诊断线可以完成以下任务：

① 诊断没有通过 CAN 诊断网传输的 CAN 网的计算机的故障，主要用于发动机计算机(1320)；

② 报告 EOBD(欧洲车载检测)法规所需的信息以检查排放信息。

2．智能控制盒

1) 智能控制盒的组成

智能控制盒(BSI1)是多路传输结构系统的核心。智能控制盒由一个机械界面、一个带微处理器的电子卡及保证下述功能的软件界面组成。

① 不同多路传输网之间的通道功能；

② 线束连接与多路传输连接之间的通道功能；

③ 诊断功能；

④ 从传感器获得信息；

⑤ 向与 BSI1 相连的部件分配供电并进行供电保护；

⑥ 管理多路传输连接对话的协议。

2) 软件界面

软件界面初始化 BSI1 的启动，并控制智能控制盒进行功能协调的微处理器，可以进行 CAN 诊断网给予的不同功能软件的加载。这些功能如下：

① 雨刮、玻璃升降器继电器的控制；

② 转向灯中央延时；

③ 其他照明灯；

④ CAN、CAN CONFORT、CAN CAR 等不同网络之间的接口。

3) 运行方式

智能控制盒有四种运行方式：

① "不工作"方式，由 BSI1 控制的所有输出都处于休眠状态。

② 对应于无 +APC 信号(由发动机伺服控制盒转换的继电器)及 +ACC 的"休眠"方式。

③ "唤醒"方式，在这种方式下所有的功能是激活的，尤其是 CAN、CAN CONFORT 和 CAN CAR 三个多路传输网之间的通讯。

④ "唤醒期"方式，此运行方式是指 BSI1 应该被唤醒的时刻到 BSI1 处于唤醒状态之间的唤醒阶段。此状态主要包括软件的初始化阶段。

7.2.2　雪铁龙凯旋多路传输系统的实例

1. 外部照明

外部照明的各功能元件之间的控制关系如图 7-18 所示，信号连接关系如表 7-10 所示。

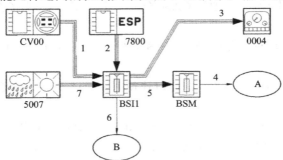

BSI1—智能控制盒；　　　　BSM—发动机伺服盒；　　　　CV00—方向盘下转换模块；

0004—组合仪表；　　　　　5007—亮度和雨水双传感器；　　7800—ESP计算机；

A—近光灯、远光灯、前雾灯、前位置灯；　　　　　　　B—后位置灯、垂直方向调节滚轮；

单线箭头—线束连接；　　　三线箭头—多路传输

图 7-18　外部照明各功能元件之间的控制关系

表 7-10　外部照明控制的信号连接关系

连接号	发送器	信　　号	信号性质
1	CV00	灯光开关位置； 雨刮开关位置	CAN CAR
2	7800	车速信息	CAN
3	BSI1	近光灯警报灯控制； 远光灯警报灯控制； 前雾灯警报灯控制	CAN CONFORT
4	BSM	近光灯控制； 远光灯控制； 前雾灯控制； 前位置灯控制； 诊断近光灯	线束
5	BSI1	近光灯继电器控制； 远光灯继电器控制； 前雾灯继电器控制	CAN CAR
6	BSI1	后位置灯控制	线束
7	5007	亮度信息	CAN CAR

1) 近光灯

近光灯的功能元件之间的控制关系如图 7-19 所示，信号连接关系如表 7-11 所示。

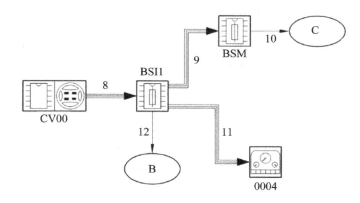

BSI1—智能控制盒；　　　　BSM—发动机伺服盒；　　　　CV00—方向盘下转换模块；

0004—组合仪表；　　　　　C—近光灯、前位置灯；　　　　B—后位置灯；

单线箭头—线束连接；　　　三线箭头—多路传输

图 7-19　近光灯的功能元件的控制关系

表 7-11　近光灯控制的信号连接关系

连接号	信　号	信 号 性 质
8	照明开关位置	CAN CAR
9	前位置灯和近光灯继电器控制	CAN CAR
10	近光灯控制； 前位置灯控制	线束
11	近光灯警报灯控制	CAN CONFORT
12	后位置灯控制	线束

近光灯的功能实现过程如下：

① 驾驶员将灯光开关拨到近光灯的位置；

② 由方向盘下的转换模块获得和过滤灯光开关的位置，通过 CAN CAR 网向 BSI1 传输灯光开关的位置；

③ BSI1 识别位置灯的状态，然后通过 CAN CAR 网控制发动机伺服盒的近光灯继电器，再通过 CAN CONFORT 网控制组合仪表近光灯警报灯的点亮。

2) 近光灯的自动控制

在自动模式下，车灯根据以下的条件执行照明：亮度和雨水双传感器提供的外部亮度降低信息；启动风窗雨刮系统。近光灯自动控制的功能元件之间的控制关系如图 7-20 所示，信号连接关系如表 7-12 所示。

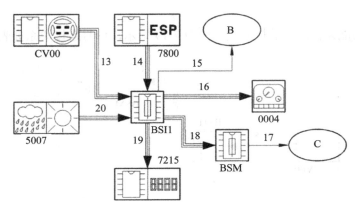

BSI1—智能控制盒；　　　　BSM—发动机伺服盒；　　　　CV00—方向盘下转换模块；

0004—组合仪表；　　　　　7215—多功能屏幕；　　　　　7800—ESP 计算机；

C—近光灯和前位置灯；　　　B—后位置灯；　　　　　　　单线箭头—线束连接；

三线箭头—多路传输

图 7-20　近光灯自动功能的控制关系

表 7-12　近光灯自动控制功能的信号连接关系

连接号	发送器	信　号	信号性质
13	CV00	灯光开关的位置； 雨刮系统状态	CAN CAR
14	7800	车速信息	CAN
15	BSI1	前后位置灯控制	线束
16	BSI1	近光灯警报灯控制	CAN CONFORT
17	BSM	近光灯控制	线束
18	BSI1	近光灯继电器控制	CAN CAR
19	BSI1	显示激活功能信息	CAN CONFORT
20	5007	外部亮度信息	CAN CAR

　　① 激活/关闭。在 +APC 位置时，长按照明开关操纵杆末端的按钮两秒钟来激活或关闭车灯的自动点亮功能。每次长按一下按钮都伴随着一个确认提示音并在多功能屏幕上显示一条确认功能激活的信息。每次点火开关关闭时，功能的状态被保存。当点火钥匙转到 +APC 位置时，激活状态被起用。

　　② 外部亮度信息。车灯的点亮和熄灭根据以下的方法进行：根据环境亮度(白天/黑暗)将外部环境的亮度级别与设置在 BSI1 中的界限值相比较；出现隧道或者在照明情况不理想的停车场时，除了将外部环境的亮度级别与设置在 BSI1 中的界限值相比较之外，还要在点亮车灯照明之前计算距离；根据车速来进行距离计算；车速和距离信息由 ABS 或者 ESP

通过 CAN 网来传输。

③ 近光灯的自动控制过程。亮度传感器控制车灯自动点亮/熄灭的过程如下：由 BSI1 获得和过滤来自亮度传感器的信号；BSI1 决定是否处在自动点亮/熄灭条件里(根据外部亮度)；由 BSI1 控制位置灯，并通过 CAN CAR 网控制发动机伺服盒的近光灯继电器，然后通过 CAN CONFORT 网控制组合仪表点亮近光灯警报灯。

3) 远光灯

远光灯的功能元件之间的控制关系如图 7-21 所示，信号连接关系如表 7-13 所示。

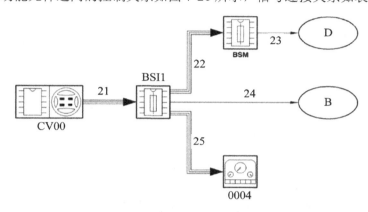

BSI1—智能控制盒；　　　　　　　　　　BSM—发动机伺服盒；

CV00—方向盘下转换模块；　　　　　　　0004—组合仪表；

B—后位置灯；　　　　　　　　　　　　D—前位置灯和远光灯；

单线箭头—线束连接；　　　　　　　　　三线箭头—多路传输

图 7-21　远光灯的功能元件之间的控制关系

表 7-13　远光灯控制的信号连接关系

连接号	信　　号	信号性质
21	照明开关位置	CAN CAR
22	远光灯和位置灯的继电器控制	CAN CAR
23	远光灯的控制	线束
24	后位置灯的控制	线束
25	远光灯警报灯控制	CAN CONFORT

外部照明灯的功能实现过程如下：

① 驾驶员将灯光开关拨到远光灯的位置；

② 由方向盘下的转换模块获得和过滤灯光开关的位置，并通过 CAN 网把灯光开关的位置传给 BSI1，然后由 BSI1 先通过 CAN CAR 网控制发动机伺服盒的远光灯继电器，再通过 CAN CONFORT 网控制组合仪表点亮远光灯警报灯。

远光灯的电路图、线束图及电路插头位置图如图 7-22～图 7-24 所示。

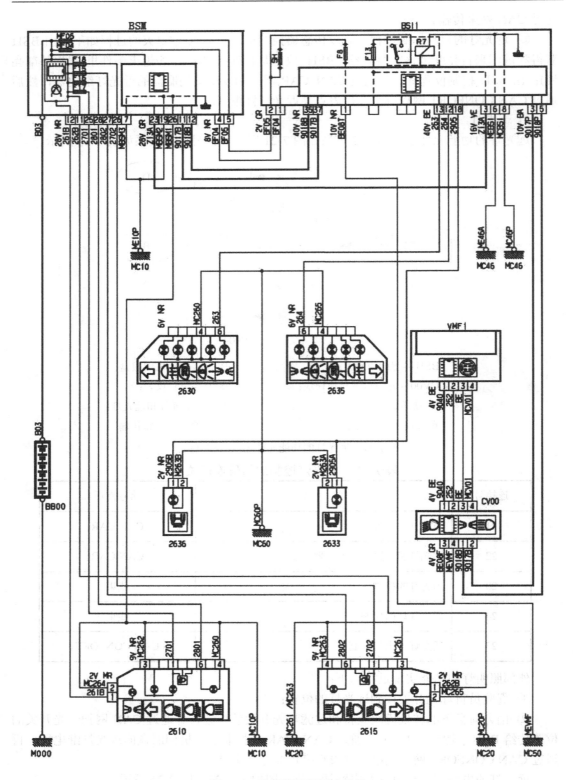

图 7-22　外部照明灯的电路图

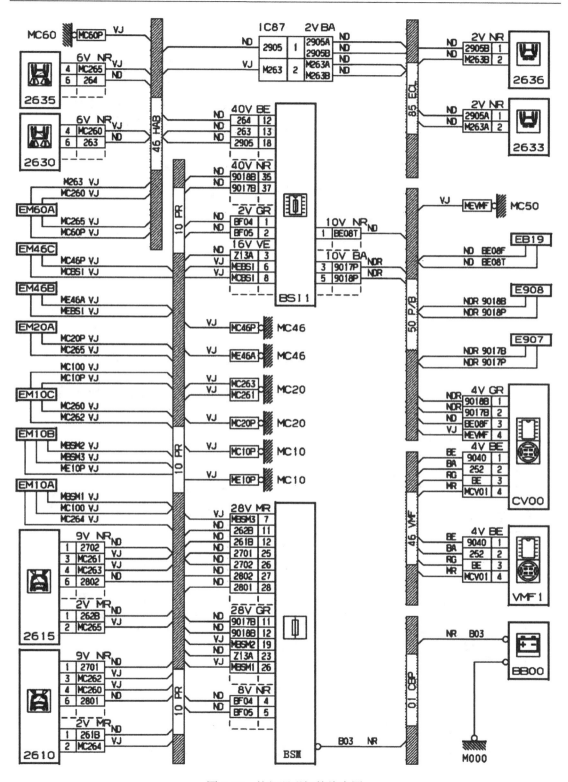

图 7-23　外部照明灯的线束图

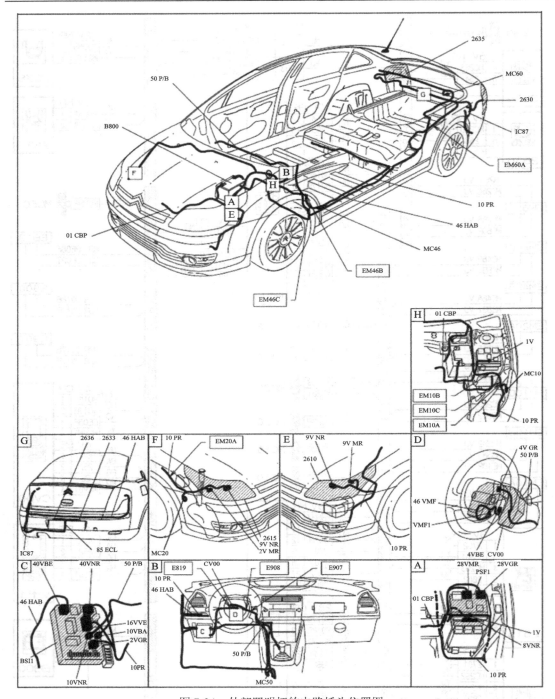

图 7-24　外部照明灯的电路插头位置图

2. 转向灯和危险警报灯

转向灯和危险警报灯的功能元件之间的控制关系如图 7-25 所示，信号连接关系如表 7-14 所示。

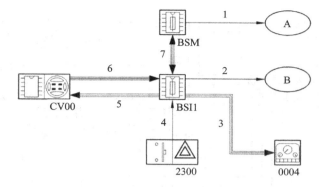

A—前转向灯和侧转向灯;　　　B—后转向灯;　　　BSI1—智能控制盒;

BSM—发动机伺服盒;　　　CV00—方向盘下转换模块;　　　0004—组合仪表;

2300—危险警报灯开关;　　　单线箭头—线束连接;　　　三线箭头—多路传输

图 7-25　转向灯和危险警报灯的控制关系

表 7-14　转向灯和危险警报灯的信号连接关系

连接号	信　号	信 号 性 质
1	前转向灯和侧转向灯的控制	线束
2	后转向灯的控制	线束
3	转向灯警报灯的控制	CAN CONFORT
4	危险警报灯的点亮命令	线束
5	蜂鸣器控制	CAN CAR
6	灯光开关的位置	CAN CAR
7	前转向灯和侧转向灯的点亮请求; 牌照灯的点亮请求	CAN

(1) 转向灯功能的实现步骤如下:

① 驾驶员将灯光开关拨到"左"或"右"转向灯的位置;

② 从方向盘下的转换模块获得和过滤灯光开关的位置后,通过 CAN CAR 网把灯光开关的位置传到 BSI1;

③ BSI1 从对后转向灯进行控制,再请求 BSM 点亮前转向灯和侧转向灯,然后 BSM 点亮前转向灯和侧转向灯;接下来 BSI1 通过 CAN CONFORT 网控制组合仪表点亮转向灯警报灯;最后 BSI1 通过 CAN CAR 网控制蜂鸣器。如果灯泡失效,则所有转向灯的闪烁频率加倍。

(2) 危险警报灯功能的实现步骤如下:

① 驾驶员对危险警报灯开关进行操作;

② BSI1 获得危险警报灯的开关状态;

③ BSI1 控制后转向灯,并请求 BSM 点亮前转向灯和侧转向灯;然后 BSM 点亮前转向灯和侧转向灯;接下来 BSI1 通过 CAN CAR 网控制蜂鸣器。

转向灯和危险警报灯的电路图、线束图及电路插头位置图如图 7-26~图 7-28 所示。

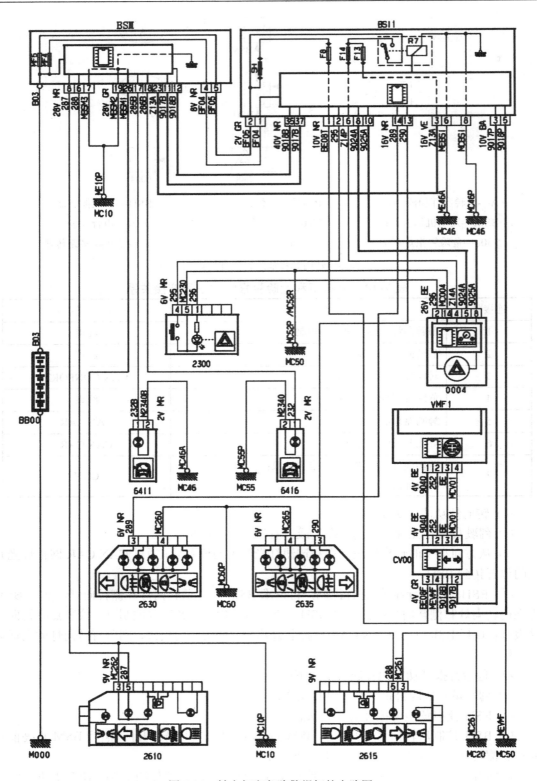

图 7-26　转向灯和危险警报灯的电路图

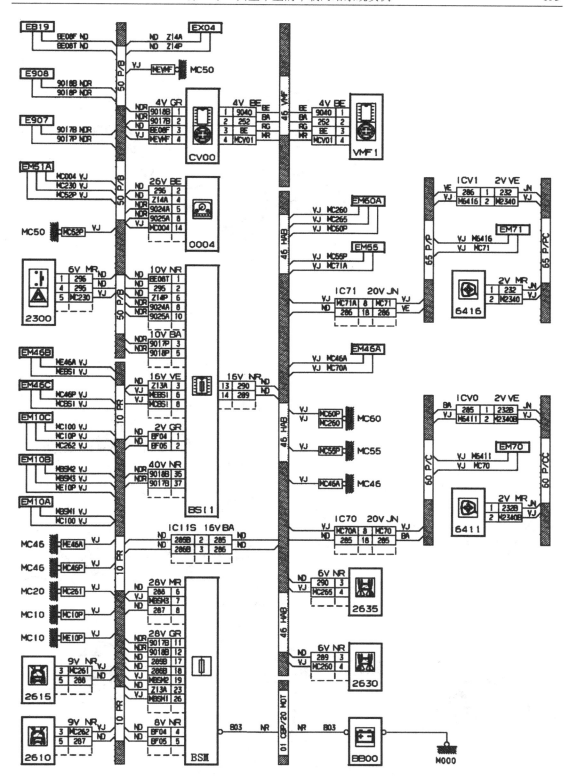

图 7-27　转向灯和危险警报灯的线束图

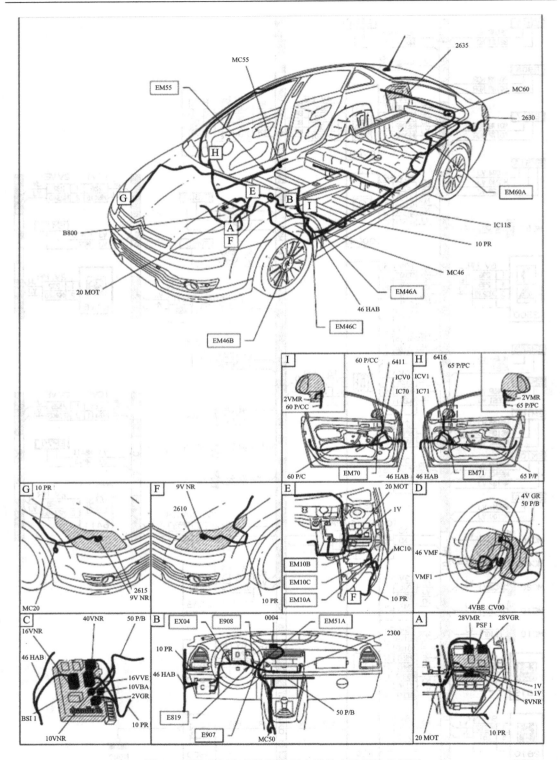

图 7-28　转向灯和危险警报灯电路的电路插头位置图

3. 电动车窗升降器

(1) 电动车窗升降器的开关有如下两种启动模式:

① 手动模式。按压或提拉翘板开关至第一槽并保持,车窗玻璃就会上升或下降,松开开关即停止。

② 连续模式。脉动式按压或提拉翘板开关至第二槽,车窗玻璃就会上升或下降并在上/下止点停。

(2) 车窗升降器的运行条件。

在以下的任意一种条件下,都能对车窗升降器进行调节:

① 当方向盘防盗开关上有"点火电源"时;

② "点火电源"消失后的一分钟之内;

③ 在一分钟延时结束之前又前车门未关时,直到前车门关闭。

在延时一分钟结束时,正在运行的车窗升降器的操作(手动或连续)会一直作用到指令结束。对于手动运行模式,若保持上升或下降的指令则车窗玻璃正在运行的操作会被暂停;对于连续运行模式,车窗玻璃的运行被停止。节能模式时,车窗升降器被禁用。

(3) 从驾驶员控制面板对左前车窗升降器的控制。驾驶员车门的控制面板如图 7-29 所示,面板电路如图 7-30 所示;从驾驶员控制面板对左前车窗升降器进行控制的功能元件之间的控制关系如图 7-31 所示,信号连接关系如表 7-15 所示。

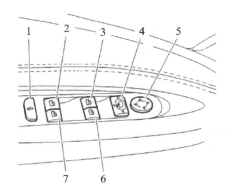

1—后座的车窗升降器的关闭开关;
2—左后乘客车窗升降器开关;
3—驾驶员车窗升降器开关;
4—后视镜的折叠和选择开关;
5—后视镜的镜面调节开关;
6—前座乘客车窗升降器开关;
7—右后乘客车窗升降器开关

图 7-29　驾驶员车门控制面板

表 7-15　从驾驶员控制面板控制前车窗升降器的信号连接关系

连接序号	信　号	信号属性	发射器/接收器
8	前车窗升降器的升降指令	模拟	6036/9030
9	驾驶员控制面板的照明	模拟	9030/6036
10	车窗升降器的运行许可	CAN CAR	BSI1/9030
11	驾驶员车窗升降器的运动信息	CAN CAR	9030/BSI1
12	车窗升降器的运行许可; 乘客前车窗升降器的控制	CAN CAR	BSI1/9050
13	乘客前车窗升降器的运动信息	CAN CAR	9050/BSI1

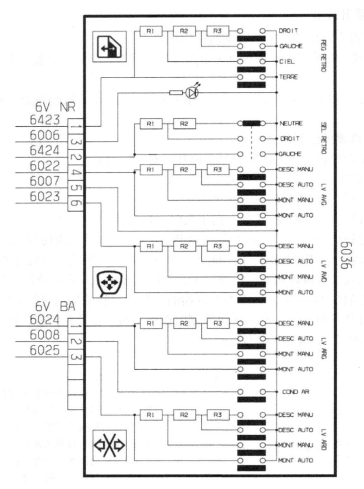

图 7-30　驾驶员车门控制面板电路

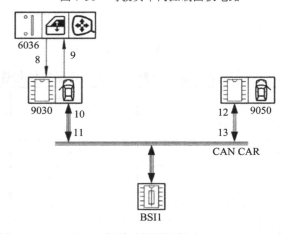

BSI1—智能控制盒；　　　　　6036—驾驶员控制面板；　　　　　9030—驾驶员车门模块；

9050—乘客车门模；　　　　　单线箭头—线束连接；　　　　　三线箭头—多路传输

图 7-31　驾驶员控制面板对前车窗升降器的控制关系

　　驾驶员车门控制面板的工作流程为：BSI1 将信息传递给车门模板以允许车窗升降器的运行；对车窗升降器开关中的任何一个开关的操作都会产生唯一的电压；车门的模板检测出电压并向 BSI1 发送所需指令的多路传输信息；车门模板启动车窗升降器的电机。当起动机启动时，手动模式的车窗升降器的运行被停止，而连续模式的车窗升降器的运行会持续到结束。当起动机启动时，所有的新指令都不予采纳。

　　(4) 乘客控制右前车窗升降器的升降。乘客控制右前车窗升降器的功能元件之间的控制关系如图 7-32 所示，信号连接关系如表 7-16 所示。

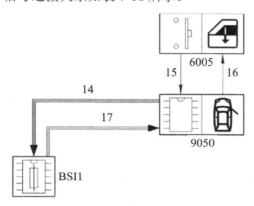

BSI1—智能控制盒；　　　　6005—乘客车窗升降器的开关；　　　　9050—乘客车门模；
单线箭头—线束连接；　　　　三线箭头—多路传输

图 7-32　乘客对右前车窗升降器的控制关系

表 7-16　乘客控制右前车窗升降器的信号连接关系

连接序号	信　　号	信号属性	发射器/接收器
14	乘客前车窗升降器的升降信息	CAN CAR	9050/BSI1
15	乘客前车窗升降器的升降指令	数字	6005/9050
16	乘客车窗升降器开关的照明	模拟	9050/6005
17	车窗升降器的运行许可	CAN CAR	BSI1/9050

　　乘客控制在前车窗升降器的执行过程为：BSI1 传递给车门模板一个多路传输信息以允许车窗升降器运行；对车窗升降器开关的指令产生一个指令规定的数字信息(在两个节点上)；车门模板分析这些数字信息并向 BSI1 传递关于乘客车窗升降器升降的信息，同时启动升降电机。

　　(5) 从驾驶员控制面板控制后车窗升降器。从驾驶员控制面板对后车窗升降器进行控制的功能元件之间的控制关系如图 7-33 所示，信号连接关系如表 7-17 所示。

　　从驾驶员控制面板控制车窗升降器时的执行流程为：对车窗升降器的任何一个开关的操作都产生一个唯一的电压；车门模板检测电压并向 BSI1 发送所需操作的相关信息；BSI1 切断后车窗升降器的开关，位于后座车窗升降器开关中的许可信号灯熄灭；BSI1 要求后车窗升降器的电子模块控制后车窗升降器的升降；车窗升降器的模板控制后车窗升降器的升降电机。驾驶员车门面板上的开关对后车窗升降器的控制享有优先权。

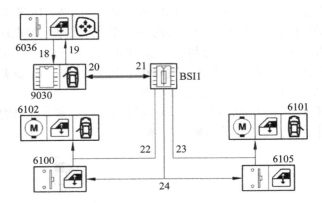

BSI1—智能控制盒；　　　　　　　　6036—驾驶员控制面板；　　　　　　　6100—左后车窗升降器开关；

6101—右后车窗升降器电机；　　　　6102—左后车窗升降器电机；　　　　6105—右后车窗升降器开关；

9030—驾驶员车门模；　　　　　　　单线箭头—线性连接；　　　　　　　三线箭头—多路传输

图 7-33　驾驶员控制面板对车窗升降器的控制关系

表 7-17　驾驶员控制面板控制车窗升降器的信号连接关系

连接序号	信　号	信号属性	发射器/接收器
18	后车窗升降器的升降指令； 后车窗升降器的关闭指令	模拟 全部或没有	6036/BSI1
19	驾驶员控制面板的照明	模拟	9030/6036
20	车窗升降器的运行许可	CAN CAR	BSI1/9030
21	后车窗升降器升降指令； 车窗升降器关闭指令	CAN CAR	9030/BSI1
22	左后车窗升降器的升降操作	全部或没有	BSI1/6102
23	右后车窗升降器的升降操作	全部或没有	BSI1/6100
24	后车窗升降器升降的许可控制	全部或没有	BSI1/6105

(6) 切断后车窗升降器。安装在驾驶员控制面板上的开关负责切断后车窗升降器的运行与否，具体情况下如下：

① 开关未按下时，通过后座的车窗升降器开关可以启动后车窗升降器；

② 开关按下时，通过后座的车窗升降器开关不能启动后车窗升降器，而驾驶员控制面板可以启动后车窗升降器；车门的模板接收后车窗升降器运行切断的指令后，向 BSI1 传递后车窗升降器的运行许可或者运行禁止的信息。

③ 禁止时，BSI1 不再对后座车窗升降器的开关供电，位于后座车窗升降器开关中的许可信号灯熄灭。

④ 许可时，BSI1 对后座车窗升降器的开关供电，位于后座车窗升降器开关中的许可信号灯亮。

电动车窗升降器的电路图、线束图及电路插头位置图，如图 7-34～图 7-36 所示。

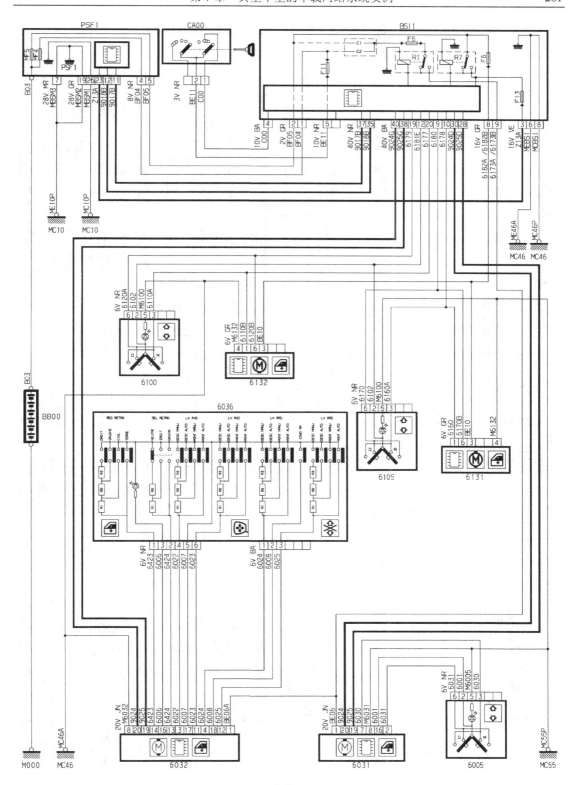

图 7-34　电动车窗升降器的电路图

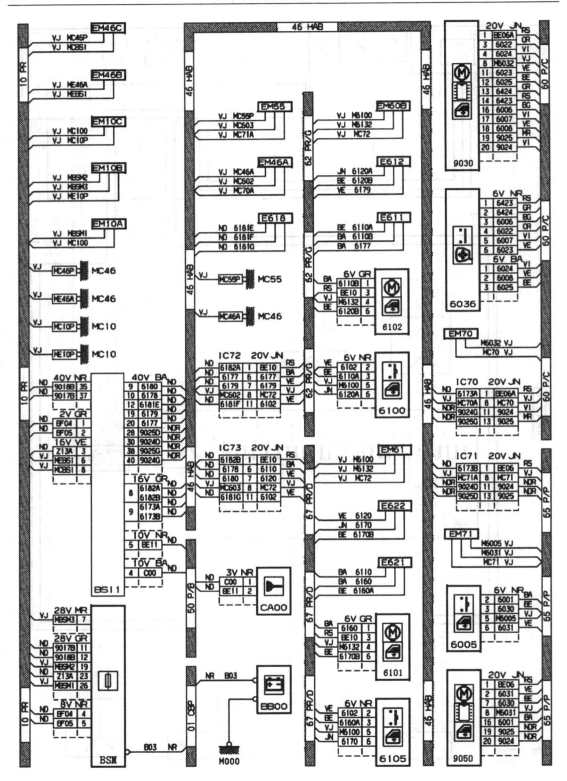

图 7-35 电动车窗升降器的线束图

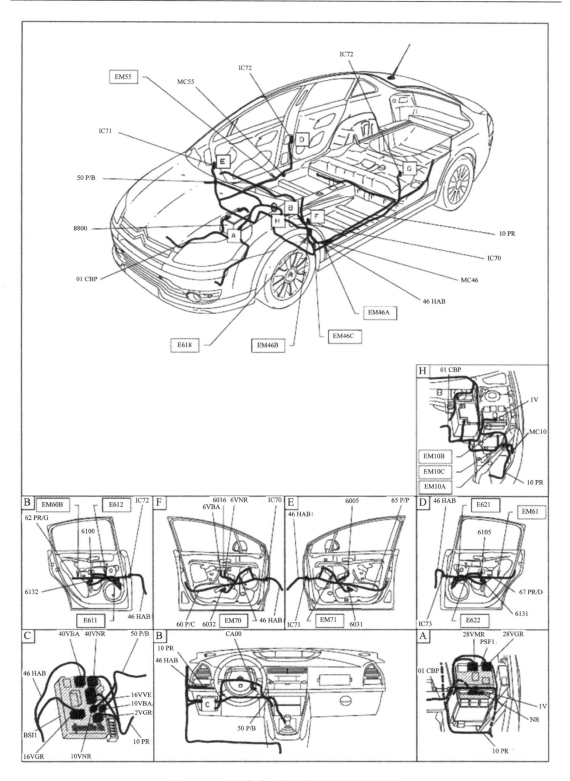

图 7-36　电动车窗升降器的电路插头位置图

7.3 通用车系车载网络系统

随着车载控制单元的数量和各控制单元之间的数据交换量的不断增加，很多车辆在控制模块之间采用了总线通信。目前通用公司的车载网络系统采用的总线包括 UART、Class-2 和 LAN 三种形式。

1. UART 串行通信网络

UART 是异步收发串行通信系统，它采用单线制线路，传输速率为 8192 b/s。UART 串行通信网络中有一个控制串行数据总线通信的主控模块。在大多数情况下，车身控制模块就是 UART 总线的主控模块。UART 通信采用单线数据线，其系统电压为 5 V，可见 UART 是通过下拉电压进行通信的。UART 采用相同脉宽进行数据通信，它的串行通信波形如图 7-37 所示。

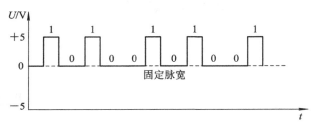

图 7-37　UART 串行通信波形

2. Class-2 串行通信网络

Class-2 串行数据总线是通用的第二代串行数据传输总线，它也采用单线制线路，传输速率为 10 400 b/s。Class-2 串行数据线的静态电压为 0 V，传递数据电压为 7 V。系统传送数据采用的是可变脉宽，每一位信息都可能有两种长度，或长或短。各模块间定期收发的 Class-2 串行数据通信都包括操作信息和指令，并根据它们来判断数据的来源和种类，以获得数据值并监测网络安全。Class-2 的

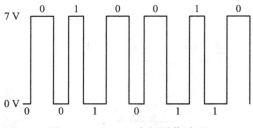

图 7-38　Class-2 串行通信波形

串行通信波形如图 7-38 所示。UART 和 CLass-2 串行数据通信的特点对比见表 7-18。

表 7-18　UART 和 CLass-2 串行数据通信的特点对比

项　　目	UART	Class-2
电压/V	5	7
通信方式	低电压通信	高电压通信
传输速率/(b/s)	8192	10 400
脉宽	固定脉宽	可变脉宽
数据传递方式	连续方式	以数据包形式传输，多个模块可同时输送

3. LAN 串行通信网络

LAN 是一种基于控制器区域网络通信(CAN)协议的通信。LAN 和 CAN 的主要区别在于数据传输结构不同。LAN 串行通信网络有两条发送串行数据的线路，这两条线路通常称为 CAN-HI 和 CAN-LO。LAN 总线采用高速差异模式进行通信，通信速率是 500 Kb/s。LAN 串行通信波形如图 7-39 所示，它可以通过两个逻辑层面，即隐性(未驱动)和显性(驱动)来描述。

(1) 隐性(逻辑 1)。总线处于空闲状态，CAN-HI 和 CAN-LO 的电压相同，均为 2.5 V，不存在电压差。

(2) 显性(逻辑 2)。总线处于被驱动状态，CAN-HI 的电压为 3.6 V，CAN-LO 的电压为 1.4 V，存在 2.2 V 的电压差。

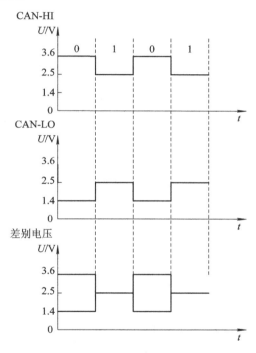

图 7-39　LAN 串行通信波形

4. 别克君威 Class-2 串行通信网络

别克君威轿车采用了 Class-2 串行通信网络，由一根数据线将不同的电子控制模块相连。

总线控制的模块包括车身控制模块(BCM)、电子制动控制模块(EBCM)、暖风通风与空调系统控制模块(Regal 3.0GS)、安全气囊传感诊断模块(SDM)、组合仪表(IP)、动力系统控制模块 PCM(Regal 2.5GL、3.0GS)、发动机控制模块 ECM(Regal 2.0G)、防盗钥匙确认系统(PK-3)模块。另外，Class-2 串行数据总线允许故障诊断和测试。别克君威采用了标准 16 端子的诊断插座(DLC)，其中的两脚与 Class-2 数据总线相连。别克君威 Class-2 可通过总线访问不同的控制单元，其电路如图 7-40 所示。

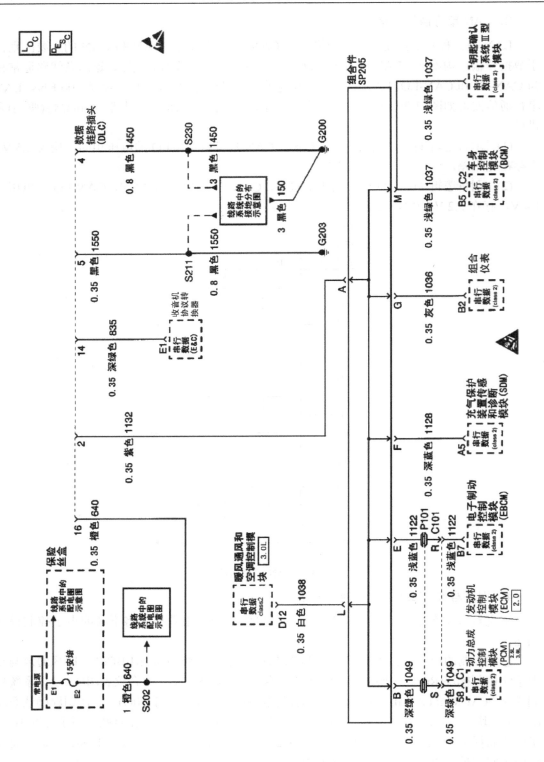

图 7-40　别克君威 Class-2 串行通信网络电路

5．别克荣御车载通信网络

别克荣御车载通信网络包括 UART、Class-2 和 LAN 三种形式，动力系统控制模块间的通信采用高速网络。LAN 通信协议与 UART 通信协议不兼容，由网关来协调这两个网络间的通信。别克荣御的网关是动力系统接口模块(PIM)，如图 7-41 所示。由于串行数据通信系统中集成了动力系统接口模块(PIM)，因此通信网络 UART 和 LAN 之间可以实现双向通信。

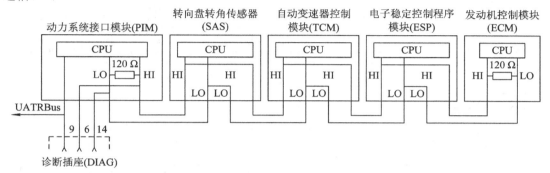

图 7-41　别克荣御的动力系统网络和网关

别克荣御的 LAN 通信网络如图 7-42 所示，采用的是 CAN 通信协议。其中，参与 LAN 通信的控制模块有 5 个，分别是动力系统控制模块(PCM)、转向盘转角传感器(SAS)、自动变速器控制模块(TCM)、电子稳定控制程序模块(ESP)和发动机控制模块(ECM)。在 LAN 串行通信网络线路末端的两个控制模块内各有一个 120 Ω 的电阻，以防止当数据传输到 LAN 总线线路末端时出现反射回送。为了便于表示，将两个电阻画在了控制模块外部。LAN 串行通信网络是双导线系统，一个是褐色/黑色导线(CAN-HI)；另一个是褐色导线(CAN-LO)。任何模块输出的数据均发送至总线，与总线相连接的所有 LAN 控制模块对所接收到的数据进行识别，以确定是否对其进行进一步处理并采取行动，或者忽略。

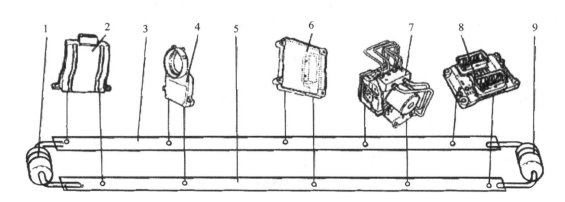

1—终端电阻；2—动力系统控制模块(PCM)；3—CAN-LO线；4—转向盘角度传感器(SAS)；

5—CAN-HI线；6—自动变速器控制模块(TCM)；7—电子稳定控制程序模块(ESP)；

8—发动机控制模块(ECM)；9—终端电阻

图 7-42　别克荣御的 LAN 串行通信网络

别克荣御车载通信网络的电路图见图 7-43。下面根据此电路图进行通信网络分析。

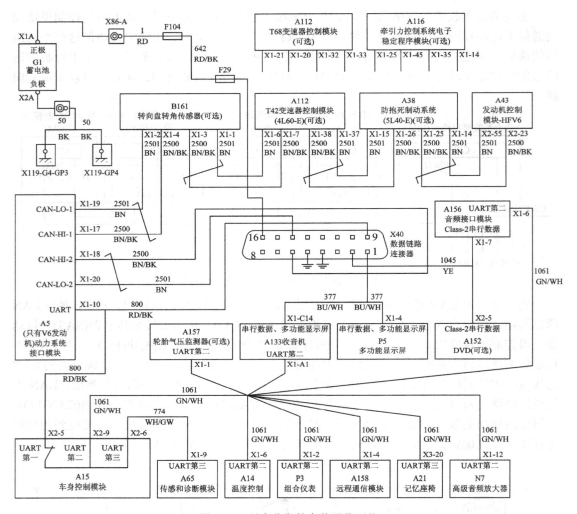

图 7-43 别克荣御的车载通信网络

(1) 第一 UART 串行数据电路 800(RD 红/BK 黑)，从车身控制模块(A15)连接到诊断插座 X40 的端子 9 和动力系统接口模块(A5)的端子 X1-10。

(2) 第二 UART 串行数据电路 1061(GN 绿/WH 白)，从车身控制模块(A15)连接到以下模块：温度控制模块(A14)、组合仪表(P3)、收音机(A133)、高级音频放大器(N7)、轮胎气压监测器(A157)、音频接口模块(A156)、记忆座椅(A21)等。

(3) 第三 UART 串行数据电路 774(WH 白/GN 绿)，从车身控制模块(A15)连接到传感和诊断模块(A65)。

其中，第二和第三 UART 串行数据电路，都是通过串行数据总线隔离器连接到主串行数据线路上的。音频接口模块(A156)与 DVD 通过 Class-2 串行数据通信，并接到诊断插座 X40 的端子 2。收音机(A133)和多功能显示屏(P5)是通过第三 UART 串行数据通信的，并连接到诊断插座的 1 脚。

(4) 采用 LAN 通信的控制模块有 6 个，分别为发动机控制模块(A43)、变速器控制模块(A112)、防抱死制动系统控制模块(A38)、牵引力控制系统电子稳定程序模块(A116)、转向盘转角传感器(B161)、动力系统接口模块(A5)。

(5) 电路 2500(BN 棕/BK 黑)是 CAN-HI，接诊断插座 X40 的端子 6；电路 2501(BN 棕)是 CAN-LO，接诊断插座 X40 的端子 14 脚。

(6) A156 音频接口模块与 A152 DVD 之间采用 Class-2 串行数据总线连接，同时通过电路 1045 将 Class-2 连接到 X40 诊断接口，可直接进行自诊断。

另外，图中还有一个没有画出的线路，即温度控制模块(A14)与多功能显示屏(P5)间的通信。此通信采用的是 LAN 通信，电路见图 7-44。

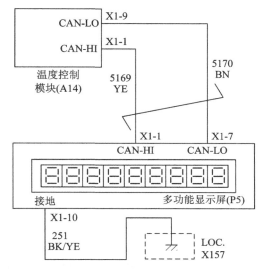

图 7-44　温度控制模块与多功能显示屏间的通信

采用车载网络通信系统可以将各操作开关的信号传递给相近的控制模块，再由此模块通过网络传递到需要此控制信号的模块。例如，有以下控制信号传递到动力系统接口模块(PIM)：巡航控制开关、牵引力控制开关、电子稳定程序控制开关、自动变速器模式开关及主动选档开关等。这些控制信号在 PIM 内转换为串行数据，然后在网络上传送。另外，在发动机控制模块(ECM)验证动力系统接口模块(PIM)之前，动力系统接口模块负责验证车身控制模块(BCM)，以确定起动钥匙是否合法。如有任何验证过程未通过，车辆将不起动。

由以上介绍可知，如果用万用表检测车载网络的通信线路，只能检查通信线路是否对电源/接地短路或断路，而无法用测量电压的方法判断其工作是否正常。如果怀疑车载网络通信线路有故障，可用示波器通过测量线路上的波形来大致判断通信系统的工作是否正常。另外，对于别克荣御 LAN 车载网络通信系统，因在网络的两个终端模块(即动力系统接口模块 PIM 和发动机终端 ECM)中分别接有两个 120 Ω 的防反射电阻，所以在断电状态，用万用表欧姆档测量诊断插座的端子 6 和 14 之间的电阻时，应有 60 Ω 的阻值。

附录

电 路 图

舒适系统

● 车外后视镜(可加热并调节)

● 防盗警报装置

● 前后玻璃升降器

● 行李箱盖开启装置

● 车内灯

● 行李箱照明

● 滑动车顶

● 中央门锁(有遥控功能)

自 2002 年 1 月起

继电器及保险丝、多孔插头布置见"安装位置"

继电器盘上面的 13 孔附加继
电器支架上的继电器位置

保险丝颜色

30A—绿色

25A—白色

20A—黄色

15A—蓝色

10A—红色

7.5A—棕色

5A—米色

3A—紫色

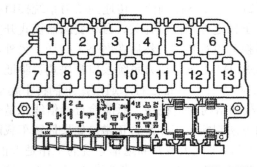

97-14163

司机车门控制单元，司机车门玻璃升降器，车内锁开关，玻璃升降器开关，后车门玻璃升降器联锁开关

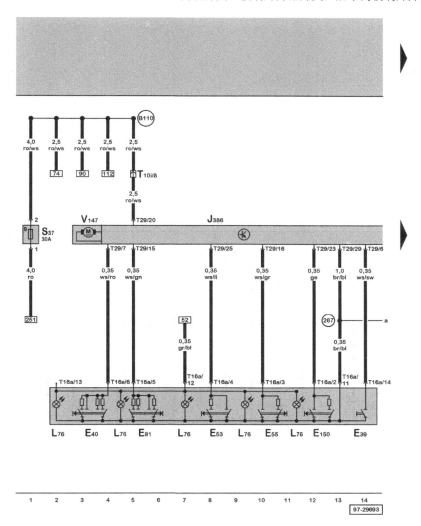

ws＝白色
sw＝黑色
ro＝红色
br＝棕色
gn＝绿色
bl＝蓝色
gr＝灰色
li＝紫色
ge＝黄色
or＝橙色

E₃₉—后车门玻璃升降器联锁开关
E₄₀—左前玻璃升降开关
E₅₃—左后玻璃升降开关，司机
E₅₅—右后玻璃升降开关，司机
E₈₁—左前玻璃升降开关，司机
E₁₅₀—车内锁开关，司机一侧
J₃₈₆—司机一侧车门控制单元
L₇₆—开关照明
S₃₇—玻璃升降器保险丝，在附加继电器支架上
T10i—插头，10孔，黑色，左侧A柱分线器
T16a—插头，16孔
T29—插头，29孔
V₁₄₇—玻璃升降器电机，司机一侧

267 —接地连接 -2-，在司机车门线束内

B110 —连接(30，玻璃升降器)，在车内线束内

司机车门控制单元，司机一侧中央门锁，中央门锁指示灯，左车门警报灯

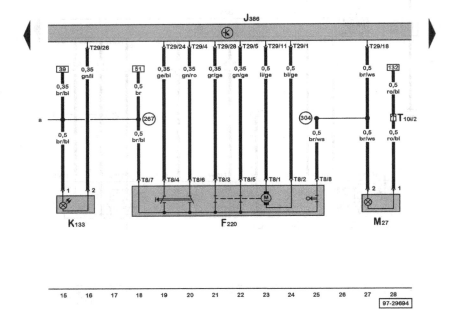

ws＝白色
sw＝黑色
ro＝红色
br＝棕色
gn＝绿色
bl＝蓝色
gr＝灰色
li＝紫色
ge＝黄色
or＝橙色

F$_{220}$—中央门锁，司机一侧
J$_{386}$—车门控制单元，司机一侧
K$_{133}$—中央门锁 -SAFE- 指示灯
M$_{27}$—左车门警报灯
T8—插头，8孔
T29—插头，29孔
T10i—插头，10孔，黑色，左侧A柱分线器

(267) —接地连接 -2-，司机车门线束内

(304) —接地连接 -3-，司机车门线束内

司机车门控制单元，后视镜调节开关，车外后视镜加热开关，后视镜折起开关

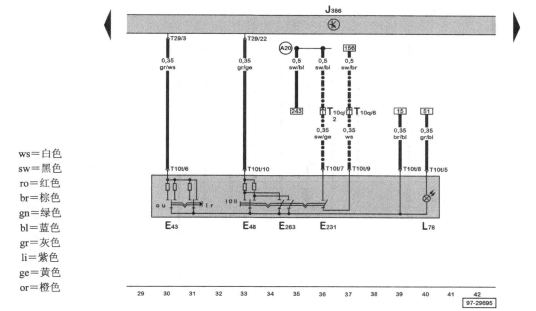

ws＝白色
sw＝黑色
ro＝红色
br＝棕色
gn＝绿色
bl＝蓝色
gr＝灰色
li＝紫色
ge＝黄色
or＝橙色

E₄₃—后视镜调节开关
E₄₈—后视镜调节转换开关
E₂₃₁—车外后视镜加热开关
E₂₆₃—后视镜折起开关
J₃₈₆—车门控制单元，司机一侧
L₇₈—后视镜调节开关照明
T10q—插头，10孔，蓝色，左侧A柱分线器
T10t—插头，10孔
T29—插头，29孔

Ⓐ₂₀—连接(15a)，在仪表板线束内

- - - —仅指有单独后视镜加热装置的车

司机一侧车门控制单元，司机车门电动调节后视镜

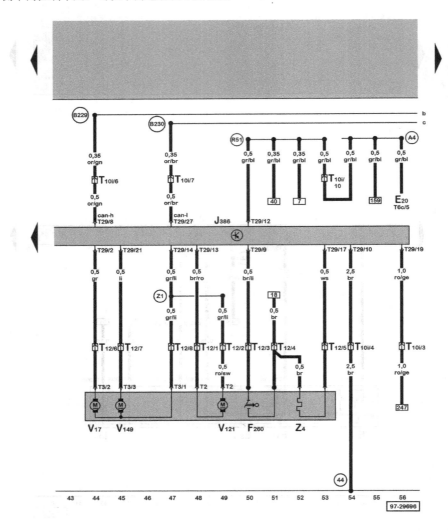

ws＝白色
sw＝黑色
ro＝红色
br＝棕色
gn＝绿色
bl＝蓝色
gr＝灰色
li＝紫色
ge＝黄色
or＝橙色

E₂₀—开关及仪表照明调节器
F₂₆₀—司机一侧后视镜折起接触开关**
J₃₈₆—车门控制单元，司机一侧
T2—插头，2孔
T3—插头，3孔
T6c—插头，6孔
T10i—插头，10孔，黑色，左侧A柱分线器
T₁₂—插头，12孔，在司机车门内
T29—插头，29孔
V₁₇—后视镜调节电机(司机)
V₁₂₁—后视镜折起电机(副司机)**
V₁₄₉—后视镜调节电机，司机一侧
Z₄—加热式外后视镜，司机一侧

(44)—接地点，左侧A柱下部

(A4)—正极连接(58b)，在仪表板线束内

(B229)—连接(High-Bus)，在车内线束内

(B230)—连接(Low-Bus)，在车内线束内

(R51)—连接(58b)，在车门线束内，司机一侧

(Z1)—连接-1-，在后视镜调节及加热线束内

**—后视镜折起功能只在某些出口车上才有

副司机车门控制单元，副司机车门玻璃升降器，副司机一侧中央门锁

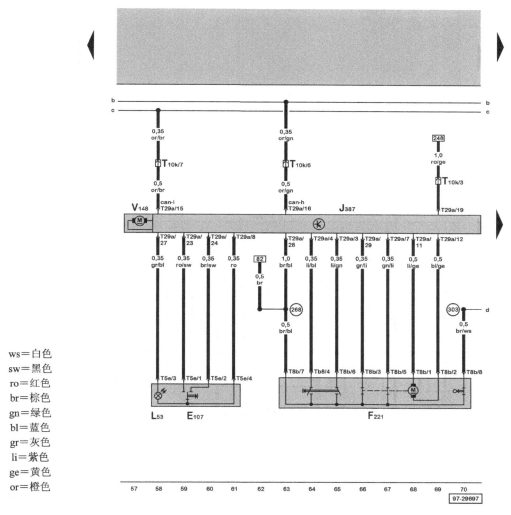

ws＝白色
sw＝黑色
ro＝红色
br＝棕色
gn＝绿色
bl＝蓝色
gr＝灰色
li＝紫色
ge＝黄色
or＝橙色

E_{107}—玻璃升降开关，在副司机车门内

F_{221}—中央门锁(副司机一侧)

J_{387}—车门控制单元，副司机一侧

L_{53}—玻璃升降开关照明灯

$T5e$—插头，5孔

$T8b$—插头，8孔

T_{10k}—插头，10孔，黑色，右侧A柱分线器

$T29a$—插头，29孔

V_{148}—玻璃升降电机，副司机一侧

(268)—插头-2-，在副司机车门线束内

(303)—插头-3-，在副司机车门线束内

副司机车门控制单元，副司机车门外后视镜(电动调节)，右车门警报灯

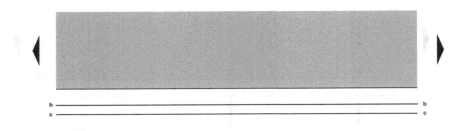

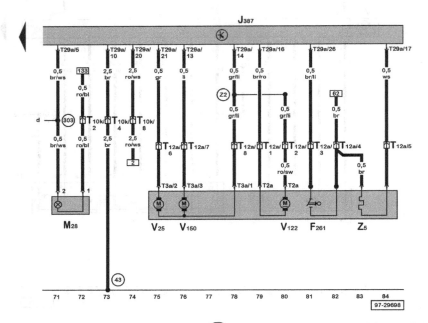

ws＝白色
sw＝黑色
ro＝红色
br＝棕色
gn＝绿色
bl＝蓝色
gr＝灰色
li＝紫色
ge＝黄色
or＝橙色

F₂₆₁—副司机外后视镜折起接触开关**

J₃₈₇—车门控制单元，副司机一侧

M₂₈—右车门警报灯

T2a—插头，2孔

T3a—插头，3孔

T₁₀ₖ—插头，10孔，黑色，右侧A柱分线器

T₁₂ₐ—插头，12孔，在副司机车门内

T₂₉ₐ—插头，29孔

V₂₅—后视镜调节电机(副司机一侧)

V₁₂₂—后视镜折起电机(副司机一侧)

V₁₅₀—后视镜调节电机，副司机一侧

Z₅—加热式外后视镜，副司机一侧

㊸—接地点，右侧A柱下部

③⓪③—接地连接 -3-，在副司机车门线束内

Z2—连接 -2-，在后视镜调节线束内

** —仅用于出口车的可折起式后视镜

左后车门控制单元，左后车门玻璃升降器，左后门中央门锁

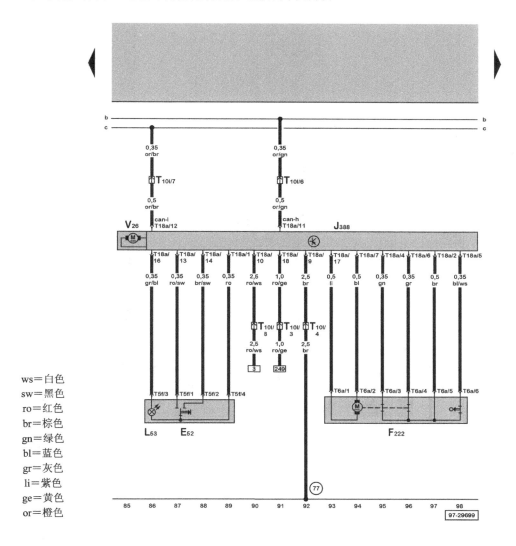

ws=白色
sw=黑色
ro=红色
br=棕色
gn=绿色
bl=蓝色
gr=灰色
li=紫色
ge=黄色
or=橙色

E_{52}—左后车门玻璃升降开关(在车门内)

F_{222}—左后车门中央门锁

J_{388}—车门控制单元，左后车门

L_{53}—玻璃升降开关照明灯泡

T5f—插头，5孔

T6a—插头，6孔

T_{10l}—插头，10孔，黑色，左侧B柱分线器

T18a—插头，18孔

V_{26}—左后玻璃升降电机

⑦⑦—接地点，左侧B柱下部

右后车门控制单元，右后车门玻璃升降器，右后门中央门锁

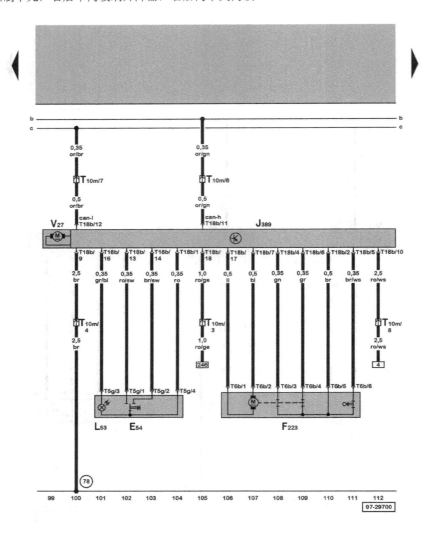

ws＝白色
sw＝黑色
ro＝红色
br＝棕色
gn＝绿色
bl＝蓝色
gr＝灰色
li＝紫色
ge＝黄色
or＝橙色

E₅₄—右后车门玻璃升降开关，在车门内

F₂₂₃—右后车门中央门锁

J₃₈₉—车门控制单元，右后

L₅₃—玻璃升降开关照明灯泡

T5g—插头，5孔

T6b—插头，6孔

T10m—插头，10孔，黑色，右侧B柱分线器

T18b—插头，18孔

V₂₇—右后车门玻璃升降电机

⑦⑧—接地点，右侧B柱下部

前部车内灯，前、后阅读灯，司机及副司机化妆镜(有照明)

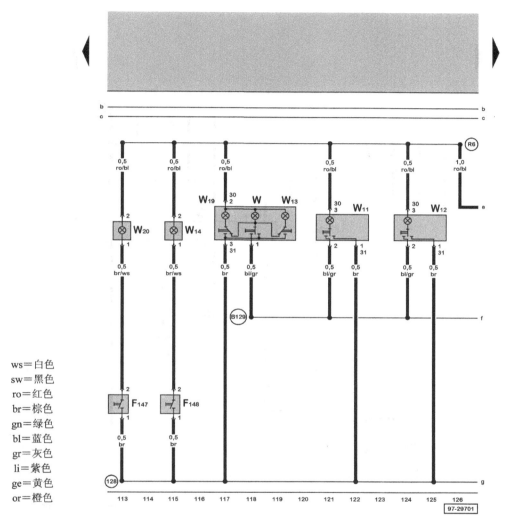

97-29701

ws＝白色
sw＝黑色
ro＝红色
br＝棕色
gn＝绿色
bl＝蓝色
gr＝灰色
li＝紫色
ge＝黄色
or＝橙色

F_{147}—司机化妆镜接触开关

F_{148}—副司机化妆镜接触开关

W—前部车内灯

W_{11}—左后阅读灯

W_{12}—右后阅读灯

W_{13}—副司机阅读灯

W_{14}—副司机化妆镜(有照明)

W_{19}—司机阅读灯

W_{20}—司机化妆镜(有照明)

(128)—接地连接 -1-，在车内灯线束内

(B129)—连接(车内灯，31)，在车内灯线束内

(R6)—正极连接 -1-，在车内灯线束内

舒适系统中央控制单元

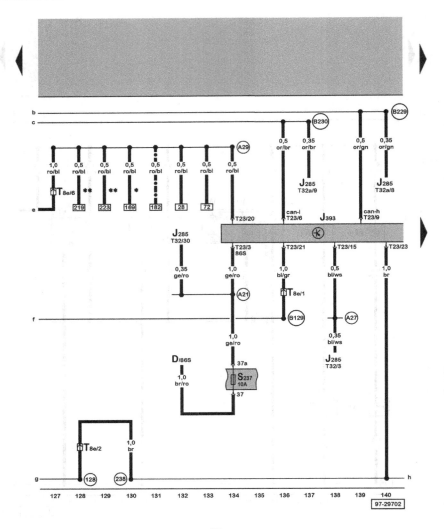

ws＝白色
sw＝黑色
ro＝红色
br＝棕色
gn＝绿色
bl＝蓝色
gr＝灰色
li＝紫色
ge＝黄色
or＝橙色

D—点火开关
J₂₈₅—带显示器的控制单元，在组合仪表内
J₃₉₃—舒适系统中央控制单元，在仪表板左后部
S₂₃₇—保险丝支架上37号保险丝
T₈ₑ—插头，8孔，在仪表板左后部
T23—插头，23孔
T32—插头，32孔，蓝色
T32a—插头，32孔，绿色
128—接地连接–1–，在车内灯线束内
238—接地连接–1–，在车内灯线束内
A21—连接(86S)，在仪表板线束内

A27—连接(车速信号)，在仪表板线束内
A29—连接(车内灯)，在仪表板线束内
B129—连接(车内灯，31)，在车内线束内
B229—连接(High-Bus)，在车内线束内
B230—连接(Low-Bus)，在车内线束内

＊—仅指Bora车
＊＊—仅指Golf Variant/Bora Variant车
- - - - —仅指Golf车

舒适系统中央控制单元，滑动车顶控制单元，滑动车顶调节器

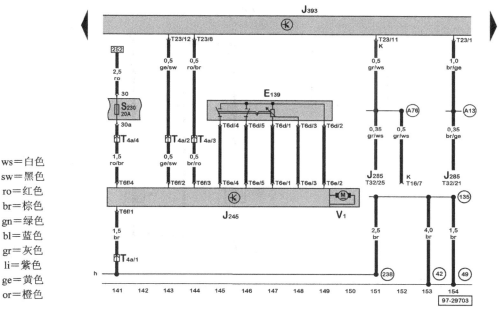

ws＝白色
sw＝黑色
ro＝红色
br＝棕色
gn＝绿色
bl＝蓝色
gr＝灰色
li＝紫色
ge＝黄色
or＝橙色

E₁₃₉—滑动车顶调节器
J₂₄₅—滑动车顶控制单元
J₂₈₅—带显示器的控制单元，在组合仪表内
J₃₉₃—舒适系统中央控制单元，在仪表板左后
S₂₃₀—保险丝支架上30号保险丝
T₄ₐ—插头，4孔，在仪表板左后
T6d—插头，6孔
T6e—插头，6孔
T6f—插头，6孔
T16—插头，16孔，在仪表板中部，自诊断接口
T23—插头，23孔
T32—插头，32孔，蓝色
V₁—滑动车顶电机

㊷—接地点，在转向柱旁
㊾—接地点，在转向柱上
⑬⑤—接地连接-2-，在仪表板线束内
㉓⑧—接地连接-1-，在车内线束内
Ⓐ₁₃—连接(车门接触开关)，在车内线束内
Ⓐ₇₆—连接(自诊断K线)，在仪表板线束内

舒适系统中央控制单元，行李箱盖中央门锁电机，行李箱盖遥控电机继电器

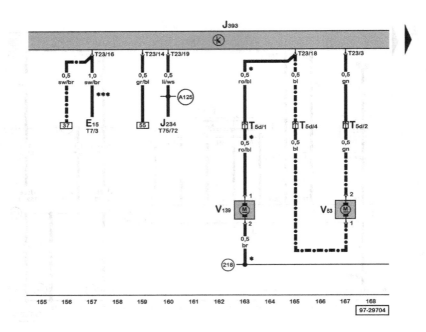

E₁₅—后风窗加热开关
J₂₃₄—安全气囊控制单元
J₃₉₃—舒适系统中央控制单元，在仪表板左后部
T₅d—插头，5孔，棕色，左侧C柱分线器
T7—插头，7孔
T23—插头，23孔
T75—插头，75孔
V₅₃—行李箱盖中央门锁电机
V₁₃₉—行李箱盖开启电机*

(218) —接地连接-1-，在行李箱盖线束内

(A125) —连接(撞车信号)，在仪表板线束内

* —仅指Bora车
--- —仅指Golf车
—Variant车行李箱盖开启装置⇒Nr.25/16
*** —不用于有单独后视镜加热装置的车

舒适系统中央控制单元，行李箱照明(仅指 Golf/Bora)

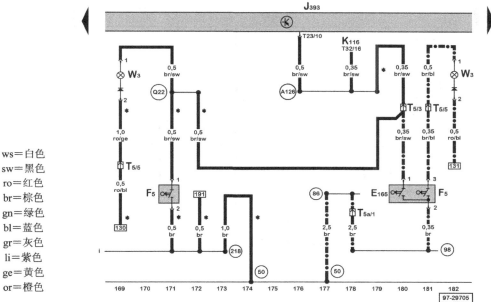

E₁₆₅—行李箱盖开启开关
F₅—行李箱照明开关
J₃₉₃—舒适系统中央控制单元(在仪表板左后)
K₁₁₆—行李箱盖打开指示灯
T₅—插头，5孔，黑色，左侧C柱分线器
T₅ₐ—插头，5孔，粉色，左侧C柱分线器
T₂₃—插头，23孔
T₃₂—插头，32孔，蓝色
W₃—行李箱灯
⑤⓪—接地点，行李箱左侧

⑧⑥—接地连接-1-，在后部线束内

⑨⑧—接地连接，在行李箱盖线束内

②①⑧—接地连接-1-，在行李箱盖线束内

Ⓐ₁₂₆—连接(接触开关在行李箱盖内)，在仪表板线束内

Ⓠ₂₂—连接-1-，在行李箱盖线束内

＊—仅指Bora车

-----—仅指Golf车

ws＝白色
sw＝黑色
ro＝红色
br＝棕色
gn＝绿色
bl＝蓝色
gr＝灰色
li＝紫色
ge＝黄色
or＝橙色

舒适系统中央控制单元，开启按钮(行李箱盖把手)，行李箱盖开启装置锁止开关

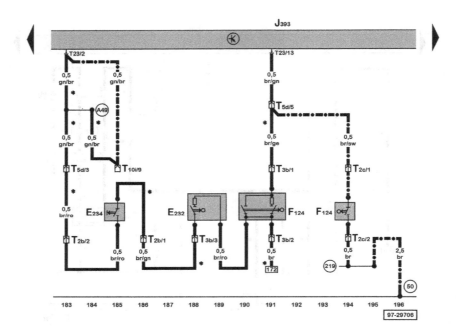

ws＝白色
sw＝黑色
ro＝红色
br＝棕色
gn＝绿色
bl＝蓝色
gr＝灰色
li＝紫色
ge＝黄色
or＝橙色

E_{232}—行李箱盖开启装置锁止开关*
E_{234}—开启按钮，行李箱盖把手*
F_{124}—行李箱/防盗警报装置/中央门锁接触开关
J_{393}—舒适系统中央控制单元，在仪表板左后
T_{2b}—插头，2孔，在行李箱盖内
T_{2c}—插头，2孔，在行李箱盖内
T_{3b}—插头，3孔，在行李箱盖内
T_{5d}—插头，5孔，棕色，左侧C柱分线器
T_{10i}—插头，10孔，黑色，左侧A柱分线器
T_{23}—插头，23孔

(50)—接地点，行李箱左侧

(219)—接地连接-2-，在行李箱盖线束内

(A49)—连接-1-，在仪表板线束内

　*　—仅指Bora车
- - - - —仅指Golf车

舒适系统中央控制单元，行李箱盖开启电机，开启按钮(行李箱盖把手)

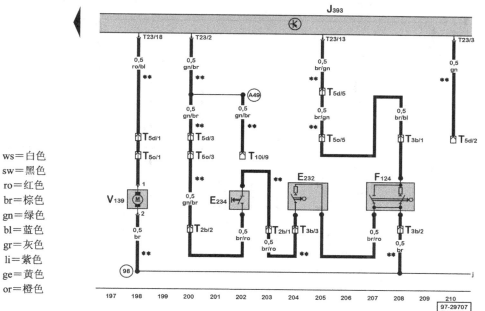

ws=白色
sw=黑色
ro=红色
br=棕色
gn=绿色
bl=蓝色
gr=灰色
li=紫色
ge=黄色
or=橙色

E232—行李箱盖开启锁止开关**
E234—开启按钮，行李箱盖把手**
F124—行李箱盖/防盗警报装置/中央门锁接触开关
J393—舒适系统中央控制单元，在仪表板左后部
T2b—插头，2孔，在行李箱盖内
T3b—插头，3孔，在行李箱盖内
T5d—插头，5孔，棕色，右侧D柱分线器
T5o—插头，5孔，棕色，在行李箱盖内
T10i—插头，10孔，黑色，左侧A柱分线器
T23—插头，23孔
V139—行李箱盖开启电机

(98)—接地连接，在行李箱盖线束内

(A49)—连接 -1-，在仪表板线束内

** —仅指Golf Variant/Bora Variant车

舒适系统中央控制单元, 行李箱照明(仅指 Golf Variant/Bora Variant)

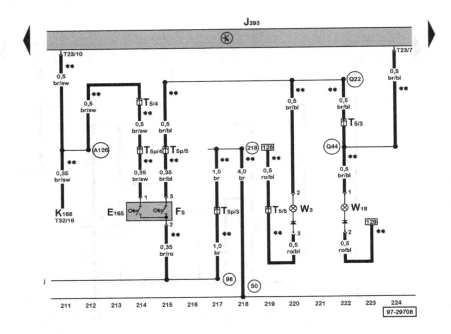

ws＝白色
sw＝黑色
ro＝红色
br＝棕色
gn＝绿色
bl＝蓝色
gr＝灰色
li＝紫色
ge＝黄色
or＝橙色

E_{165}—行李箱盖开启开关
F_5—行李箱照明开关
J_{393}—舒适系统中央控制单元, 在仪表板左后部
K_{116}—行李箱盖打开指示灯
T_5—插头, 5孔, 黑色, 左侧D柱分线器
T_{5p}—插头, 5孔, 黑色, 在行李箱盖内
$T23$—插头, 23孔
$T32$—插头, 32孔, 蓝色
W_3—行李箱灯
W_{18}—行李箱灯(左侧)

(50) —接地点, 行李箱左侧

(98) —接地连接, 在行李箱盖线束内

(218) —接地连接 -1-, 在行李箱盖线束内

(A126) —连接(行李箱盖内接触开关), 在仪表板线束内

(Q22) —连接 -1-, 在行李箱盖线束内

(Q44) —连接 -2-, 在行李箱盖线束内

＊＊—仅指Golf Variant/Bora Variant

舒适系统中央控制单元，防盗警报装置喇叭，中央门锁及防盗警报天线，发动机舱盖接触开关

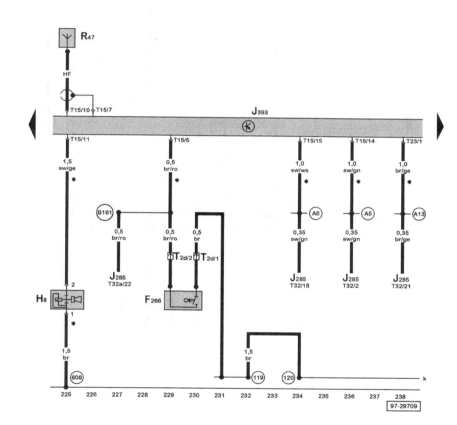

ws＝白色
sw＝黑色
ro＝红色
br＝棕色
gn＝绿色
bl＝蓝色
gr＝灰色
li＝紫色
ge＝黄色
or＝橙色

F₂₆₆—发动机舱盖接触开关，在锁内
H₈—防盗警报喇叭
J₂₈₅—带显示器的控制单元，在组合仪表内
J₃₉₃—舒适系统中央控制单元，在仪表板左后
R₄₇—中央门锁及防盗警报天线
T₂d—插头，2孔，右大灯附近
T15—插头，15孔
T23—插头，23孔
T32—插头，32孔，蓝色
T32a—插头，32孔，绿色
⑴⑼—接地连接 -1-，在大灯线束内
⑴²⁰—接地连接 -2-，在大灯线束内

⑥⁰⁸—接地点，在流水槽中部
Ⓐ⁵—正极连接(右转向灯)，在仪表板线束
Ⓐ⁶—正极连接(左转向灯)，在仪表板线束内
Ⓐ¹³—连接(车门接触开关)，在仪表板线束内
Ⓑ¹⁶¹—连接(防盗警报装置)，在车内线束内

* —仅指有防盗警报装置的车

舒适系统中央控制单元

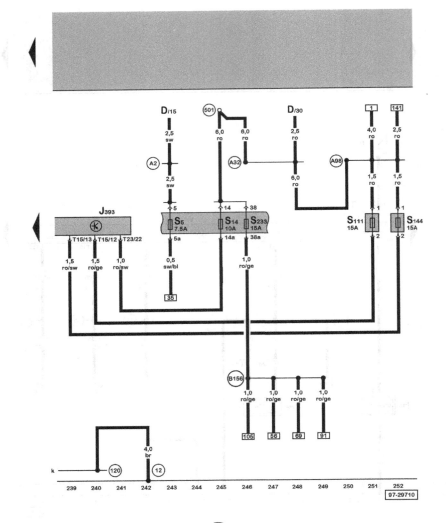

ws=白色
sw=黑色
ro=红色
br=棕色
gn=绿色
bl=蓝色
gr=灰色
li=紫色
ge=黄色
or=橙色

D—点火开关

J₃₉₃—舒适系统中央控制单元，在仪表板左后

S₅—保险丝支架上5号保险丝

S₁₄—保险丝支架上14号保险丝

S₁₁₁—防盗警报保险丝

S₁₄₄—中央门锁/防盗警报保险丝

S₂₃₈—保险丝支架上38号保险丝

T15—插头，15孔

T23—插头，23孔

⑫—接地点，在发动机舱左侧

⑫⓪—接地连接-2-，在大灯线束内

⑤⓪①—螺栓连接-2-(30)，在继电器盘上

Ⓐ2 —正极连接(15)，在仪表板线束内

Ⓐ32 —正极连接(30)，在仪表板线束内

Ⓐ98 —正极连接-4-(30)，在仪表板线束内

Ⓑ156 —正极连接(30a)，在车内线束内

参 考 文 献

[1]　付晓光. 单片机原理与实用技术(修订本). 北京：清华大学出版社，2008.

[2]　马家辰，等. MCS-51 单片机原理及接口技术(修订版). 哈尔滨：哈尔滨工业大学出版社，2001.

[3]　张毅刚. 新编 MCS-51 单片机应用设计. 哈尔滨：哈尔滨工业大学出版社，2008.

[4]　艾运阶. MCS-51 单片机项目教程. 北京：北京理工大学出版社，2012.

[5]　杨宝玉. 汽车电脑. 北京：人民交通出版社，2004.

[6]　候树梅. 汽车单片机及局域网技术. 北京：高等教育出版社，2004.

[7]　金雷. 汽车电脑维修. 北京：中国人民大学出版社，2010.

[8]　祁栋玉. 汽车发动机电脑控制系统故障与维修. 北京：机械工业出版社，2011.

[9]　刘立. 导航启用时声音时有时无. 汽车维修技师，2009 年第 12 期.

[10]　封友国. 宝马 745 Li 车载娱乐功能失效. 汽车维护与维修，2009.9.

[11]　张宏彬. 宝马 E65 MOST 总线光纤传输技术及其故障分析. 客车技术与研究，2008 年第 3 期.

[12]　曲直. 奔驰 S350 COMAND 中央液晶显示屏不显示. 汽车维修技师，2007 年第 12 期.

[13]　任良峰. 2008 款奥迪 A8 后备箱盖电动开启和关闭功能缺失. 汽车维修技师，2009 年第 2 期.

[14]　杨波. 2009 款上海通用新君威玻璃升降的奇特故障. 汽车维修技师，2010 年第 8 期.

[15]　陆建平. 奥迪 Q5 车天窗打不开. 汽车维护与维修，2010.10.

[16]　张建伟. 奔驰 ML320 越野车空调无暖风. 汽车维修技师，2009 年第 4 期.

[17]　曹守军. 波罗车电动车窗不能升降. 汽车维护与维修，2010.2.

[18]　杨维俊. 怎样维修汽车车载网络系统. 北京：机械工业出版社，2006.

[19]　李东江，等. 汽车车载网络系统(CAN-BUS)原理与检修. 北京：机械工业出版社，2005.

[20]　南金瑞，等. 汽车单片机及车载总线技术. 北京：北京理工大学出版社，2005.

[21]　陆耀迪. 宝来轿车实用维修手册. 北京：机械工业出版社，2006.

[22]　候树梅. 汽车单片机及局域网技术. 北京：高等教育出版社，2004.

[23]　朱建风，等. 常见车系 CAN-BUS 原理与检修. 北京：机械工业出版社，2006.

[24]　李东江，等. 大众/奥迪车系故障诊断与排除技巧. 北京：机械工业出版社，2007.

[25]　李玉茂. 宝来、捷达轿车故障实例与分析. 北京：机械工业出版社，2008.

[26]　谭本忠. 大众车系维修经验集锦. 北京：机械工业出版社，2007.

[27]　奥迪 A8 轿车维修手册，2005.